# BEI GRIN MACHT SICH IHR WISSEN BEZAHLT

- Wir veröffentlichen Ihre Hausarbeit, Bachelor- und Masterarbeit

- Ihr eigenes eBook und Buch - weltweit in allen wichtigen Shops

- Verdienen Sie an jedem Verkauf

Jetzt bei www.GRIN.com hochladen und kostenlos publizieren

Torsten Döbbecke

# Grundsatzfragen der Quantentheorie

## Neue Quanteneigenschaften und Quanteneffekte

GRIN Verlag

**Impressum:**

Copyright © 2010 GRIN Verlag GmbH
Druck und Bindung: Books on Demand GmbH, Norderstedt Germany
ISBN: 978-3-640-76432-7

**Dieses Buch bei GRIN:**

http://www.grin.com/de/e-book/162699/grundsatzfragen-der-quantentheorie

Autor: Dipl.-ing. T. Döbbecke

Datum: 11/2010

# Grundsatzfragen der Quantentheorie

## (Philosophisch-Physikalische Aspekte)

Neue Quanteneigenschaften und Quanteneffekte?, Dialektik und Komplementarität, Wechselwirkungen

**Inhaltsverzeichnis**

**Einleitung**

Die Quantentheorie beschreibt die Objekte der Mikrowelt (Atome, Elementarteilchen, Quanten usw.) und ihre Wechselwirkungen. Viele Anwendungen, wie Laseranwendungen, Kernspintomographie, Halbleiterbauelemente, Atomuhren usw. wären ohne die Quantentheorie nicht möglich. Wichtige Merkmale sind: Die Quantisierung von physikalischen Größen (z.B. kann die Energie nur bestimmte, diskrete Werte annehmen), die Wahrscheinlichkeitsinterpretation sowie die Überlagerung von Quantenzuständen und ihre Verschränkung. Zwei zueinander komplementäre Größen (wie Ort und Impuls) können nicht gleichzeitig mit beliebiger Genauigkeit gemessen werden (Heisenbergsche Unschärferelation). Die Observablen, wie Energie und Impuls werden durch selbstadjungierte, komplexe Differenzialoperatoren im Hilbert-Raum beschrieben, für die es bestimmte Vertauschungsrelationen gibt. Wichtige quantenphysikalische Gleichungen sind die Schrödinger-Gleichung, die Klein-Gordon-Gleichung und die Dirac-Gleichung, wobei die letzteren beiden zur relativistischen Quantenmechanik gehören und die Dirac-Gleichung auch den Spin (z.B. des Elektrons) berücksichtigt.

Wir wollen uns im Folgenden mit einigen Grundfragen der Quantentheorie auseinandersetzen. Hierzu möchten wir uns zunächst mit dem Welle-Teilchendualismus beschäftigen und außerdem untrennbare Zusammenhänge zwischen Wellen und Teilchen herausarbeiten. Hierbei beschäftigt uns auch die Frage, ob es ein Urteilchen oder eine erste Ursache für das Weltgeschehen geben kann. In diesen Zusammenhängen schlagen wir auch eine Brücke zur Erklärung der Masse-Energie-Äquivalenz. Wir stellen uns die Fragen: Wodurch ist die Eigenschaft der Komplementarität in der Quantenmechanik gekennzeichnet? Wird der dialektische Materialismus durch die Quantenmechanik widerlegt? Welche Rolle spielt der Messprozess? Wie wirken sich das Superpositionsprinzip und die Verschränkung von Quantenzuständen aus? Was versteht man unter der Wahrscheinlichkeitsinterpretation? Kann ein Teilchen an mehreren Orten zur gleichen Zeit sein? Gibt es Räume ohne Zeit? Was versteht man unter dem nichtlokalen Verhalten von Teilchen?

Darüber hinaus fragen wir uns: Gibt es Tatsachen oder Folgerungen, welche auf neue Quanteneigenschaften hindeuten, die bislang für unmöglich gehalten wurden (virtuelle Ruhquanten, Subquanten, Quantenbeschleunigungen usw.)? Wären in diesem Zusammenhang auch Überlichtgeschwindigkeiten zu folgern?

Welche Umwandlungseffekte (z.B. Feldumwandlungen aufgrund von Feldwechselwirkungen) sind denkbar und wie lässt sich dies mit der relativistischen Physik verbinden?

Als nächstes befassen wir uns mit den Beziehungen von Natur- und Wechselwirkungskonstanten. Sind jene von Bedingungen abhängig und welche Bedingungen kämen dann in Frage? Wir wollen uns mit den Wechselwirkungsarten befassen und interessante Zusammenhänge und Analogien zwischen den Wechselwirkungen erarbeiten (elektromagnetische und starke Wechselwirkung einerseits, schwache- und gravitative Wechselwirkung andererseits).

# 1    Der Dualismus und der Zusammenhang zwischen Welle und Teilchen

Besteht jedes Teilchen wieder aus Teilchen? Sind Welle und Teilchen zueinander dual oder stehen sie in einem wechselseitigen Zusammenhang oder trifft gar beides zu?

Der Zusammenhang zwischen Wellen- und Teilcheneigenschaften offenbart sich schon anhand der Strahlungsgesetze: Wenn die Quantenenergie sehr klein gegenüber der thermischen Energie ist, so gilt das Gesetz von Rayleigh-Jeans, dies hängt mit der Wellennatur des Lichts zusammen (viele Quanten). Hierzu sei gesagt, dass der Wellencharakter nicht notwendig mit dem gleichzeitigen Vorhandensein einer großen Teilchenzahl korrespondiert. Wenn aber die Quantenenergie sehr groß ist gegenüber der thermischen Energie, so gilt das Wiensche Gesetz und es tritt der Teilchenaspekt (große, wenige Quanten) hervor. Das Plancksche Strahlungsgesetz gilt aber universell und fasst beide Fälle zusammen[9]. Es beinhaltet damit die Wellen- und die Teilchennatur der Strahlung.

Hieraus erkennen wir unmittelbar: Wellen- und Teilcheneigenschaften gehören stets zusammen, aber in Abhängigkeit von den Bedingungen (Verhältnisse der Energien) treten mal die einen oder mal die anderen Eigenschaften stärker hervor.

Betrachten wir als nächstes viele ausgedehnte Wellen mit dicht benachbarten Frequenzen und Wellenlängen und überlagern diese Wellen, so entsteht ein Wellenpaket, dem man ein lokalisiertes Teilchen zuordnen kann. Das Wellenpaket eines freien Teilchens zerfließt wiederum, da die einzelnen Beiträge im Wellenpaket aus unterschiedlichen Impulsen (bzw. Geschwindigkeiten) bestehen (Dispersion). Damit wird aber das Teilchen immer weniger lokalisiert. Die Zeit bis zum Auseinanderlaufen des Wellenpakets hängt von seiner Anfangsbreite und der Teilchenmasse ab.

Hier kann man also formulieren: Sicher hat man einen Gegensatz zwischen Wellen- und Teilcheneigenschaften, aber das Teilchen äußert sich in einer bestimmten „Konzentration" der Wellen und in einer gewissen „Kompaktheit".

Wir können damit sagen, ein Teilchen kann aus Wellen entstehen und wieder zu Wellen zerfließen. Damit ist aber ein gewisser Zusammenhang zwischen Welle und Teilchen gegeben.

Nun könnte man entgegnen: Wie kann ein Teilchen aus Wellen bestehen? Ist eine solche Vorstellung überhaupt zulässig? Sicher handelt es sich um eine Modellvorstellung. Oder versagt hier unsere Vorstellungskraft? In dem oben erwähnten Zusammenhang besteht nämlich noch eine Ungereimtheit. Nach der vielfach bestätigten Beziehung von de Broglie ist nämlich mit einer Wellenlänge immer ein Impuls und mit einem Impuls immer eine Wellenlänge verbunden.

Es gilt:

$$\lambda = \frac{h}{m \cdot v} \tag{1.1}$$

Mit $h = 6{,}63 \cdot 10^{-34}\,Js$ (Plancksches Wirkungsquantum)

$m$-Masse und $v$-Geschwindigkeit des Teilchens

$\lambda$ -Wellenlänge

Diese Beziehung ist deshalb so erstaunlich, da sie auch außerhalb des Quantenbereiches gilt. Das bedeutet aber, dass mit einer Welleneigenschaft immer eine Teilcheneigenschaft und mit einer Teilcheneigenschaft immer eine Welleneigenschaft verbunden ist. In unserer obigen Überlegung haben wir aber Welle und Teilchen teilweise getrennt betrachtet. Besteht dann eine jede Welle selbst wieder aus Teilchen, im Gegensatz zu bisherigen Auffassungen? Wir verschieben die Antwort auf später. Zunächst ergänzen wir noch, dass wir ausschließen, dass die Masse des Teilchens verschwindet, denn selbst bei den Lichtquanten haben wir ja eine Bewegungsmasse der Quanten vorliegen. Auch soll die Wellenlänge nicht zu Null werden, denn dies hätte ja eine unendlich hohe Frequenz zu Folge. Wegen dieser beiden Voraussetzungen haben wir nach der obigen Beziehung auch eine endliche Geschwindigkeit des Teilchens vorliegen.

Die Wellen- und Teilchennatur des Lichts lässt sich ebenfalls in einem Zusammenhang betrachten. Wenn wir nämlich die Einsteinsche- und die Plancksche Energiebeziehung gleichsetzen, erhalten wir für die Bewegungsmasse eines Lichtquants:

$$m_q = \frac{h}{c^2} f \tag{1.2}$$

Hierin ist $f$ die Frequenz der Welle und $c$ die Lichtgeschwindigkeit. Einer höheren Frequenz entspricht also einer höheren Energie und daher einer höheren Masse des Photons. Die Beziehung (1.2) erhält man aber auch aus der Beziehung (1.1), wenn wir selbige auf Lichtquanten anwenden.

Betrachten wir nun das Licht als eine elektromagnetische Welle. Hier stehen der elektrische und der magnetische Feldstärkevektor senkrecht aufeinander. Die Feldstärken ändern sich periodisch in Raum und Zeit. Die Häufigkeit dieser Veränderungen in der Zeit bezeichnen wir als Frequenz der Lichtwelle. Jetzt wissen wir aber aus der Quantenfeldtheorie, welche erfolgreich auf den Elektromagnetismus angewandt wurde (QED), dass wir dem elektrischen und dem magnetischen Feld wiederum Feldquanten (virtuelle Photonen) zuordnen können. Folglich können wir dies auch für die elektromagnetischen Wechselfelder tun. Das bedeutet, wir können auch einer Lichtwelle gewissermaßen Teilchen zuordnen, im Gegensatz zu bisherigen Meinungen. Hier meinen wir aber jetzt nicht das Photon selbst, sondern virtuelle Photonen der Wechselfelder, die mit dem Photon verknüpft sind. In unserer Eingangsbetrachtung hatten wir aber erläutert, wie jedes Teilchen als Wellengruppe aufzufassen ist.

Fassen wir nun unsere Überlegungen stark vereinfacht zusammen, so können wir folgern: Ein Teilchen „besteht" aus Wellen aber die Wellen „bestehen" wieder aus Teilchen.

Eine solche Vorstellung wird nun der Beziehung von de Broglie voll gerecht, denn jetzt sind Wellen- und Teilcheneigenschaften vollständig miteinander verbunden. Das bedeutet aber, dass unsere zuvor gemachte Aussage, dass Teilchen aus Wellen bestehen und das Teilchen wieder durch Dispersion gewissermaßen Welleneigenschaften bekommen nicht ganz vollständig war, denn hier war noch eine Trennung von Welle und Teilchen impliziert. Korrekter Weise müssen wir also immer von Welle **und** Teilchen und nicht von Welle **oder** Teilchen sprechen.

Aber wie verhält es sich dann mit dem Welle-Teilchendualismus?

Wir wissen: Je nach physikalischen Bedingungen und je nach physikalischen Effekt werden sich das eine Mal Wellen- und das andere Mal Teilcheneigenschaften zeigen. Beim Photoeffekt tritt die Teilchennatur des Lichts in Erscheinung und bei der Interferenz des Lichts z.B. ist es die Wellennatur des Lichts mit dessen Hilfe wir diesen Effekt erklären können. Doch erinnern wir uns: Der Wellen- und Teilchenaspekt sind in Wirklichkeit nie getrennt (wie auch die obigen Beispiele belegen), nur die eine oder die andere Erscheinung kann stärker hervortreten bzw. muss beachtet werden. Die Zusammenfassung all dieser Betrachtungen führt uns auf ein bemerkenswertes Resultat:

**Es gibt einen Welle- Teilchendualismus und gleichzeitig einen untrennbaren Zusammenhang zwischen Welle und Teilchen.**

Erklärt man nun die Interferenz am Doppelspalt, so wird offenbar: Der Wellencharakter drückt sich in der Wahrscheinlichkeit aus, wohin sich die Teilchen bewegen. Wir können nämlich nur eine Wahrscheinlichkeit angeben, mit der wir das Teilchen in einem bestimmten Bereich auf dem Schirm finden[9].

Bei Experimenten in der Quantenmechanik sowie bei der Erklärung des Wellenbildes des Atoms kommt deutlich diese  Wahrscheinlichkeitsinterpretation von M. Born zum tragen. Man kann dann Aufenthaltsräume angeben (z.B. für die Elektronen im Atom), wo sie eben mit mehr oder minder großer Wahrscheinlichkeit anzutreffen sind, aber man kann nicht mit Bestimmtheit sagen, das Elektron befindet sich zu einem bestimmten Zeitpunkt an einem bestimmten Ort.

**Auch hier könnte man vereinfacht sagen: Das Atom (Teilchen) „besteht" aus Wellen (Wahrscheinlichkeitswellen), aber diese „beinhalten" wieder Teilchen.**

Hierin sind aber die Wahrscheinlichkeitswellen nicht mit gewöhnlichen Wellen zu verwechseln. Wir stellen aber noch etwas Merkwürdiges fest, was unmittelbar aus dem untrennbaren Zusammenhang zwischen Welle und Teilchen folgt. Wenn ein Teilchen aus Wellen besteht, aber diese Wellen wieder aus Teilchen (gleich wie kompliziert diese Zusammensetzungen aussehen), so müssen aber diese Teilchen wiederum aus Wellen bestehen usw. Da also dieser untrennbare Zusammenhang immer gegeben ist, muss sich dies zwangsläufig immer weiter so fortsetzen und wenn dies so ist, so muss jedes Teilchen eine innere Struktur besitzen und letztlich selbst wieder aus Teilchen bestehen. Das bedeutet aber unweigerlich:

**Es kann kein ursprünglichstes, kein Urteilchen geben!**

Dies ist aber nur denkbar, wenn die Materie hierarchisch aufgebaut ist, denn ansonsten würden sich Widersprüche ergeben.

R.B. Laughlin beschreibt in seinem Buch „Abschied von der Weltformel" die Natur der Emergenz[2]. Selbige tritt im gesamten Mikro- und Makrokosmos auf. Jedes Objekt, jedes System usw. ist danach wieder in einzelne Elemente (Teile) zerlegbar (besteht aus diesen). Das bedeutet aber auch, dass es kein ursprünglichstes Teilchen, kein Urteilchen gibt. Aber der Begriff der Emergenz geht noch weiter. Er sagt auch aus, dass ab einer bestimmten Teilchenzahl (oder anderer Objekte) Eigenschaften des Gesamtsystems plötzlich entstehen, die sich nicht mehr oder nicht mehr unmittelbar auf die Eigenschaften eines einzelnen Teilchens zurückführen lassen. Man spricht in diesem Zusammenhang z.B. von Phasen- und Phasenübergängen, während die Theorie analog dazu von Symmetriebrechung und Vereinheitlichung spricht. Vom Standpunkt des dialektischen Materialismus würde man vom Umschlagen quantitativer Veränderungen in eine neue Qualität und von der Dialektik zwischen Einzelnen und Allgemeinen sprechen. Hierbei fällt auf, dass man sich in unterschiedlichen Begriffswelten befinden kann, meint aber im Grunde das Gleiche.

## 2 Gibt es eine erste Ursache für das Weltgeschehen?

Oft wird vor allem im Zusammenhang mit den Theorien über die Entstehung des Kosmos die Vermutung geäußert, dass irgendein spezielles Teilchen (Urteilchen), oder ein spezieller Zustand (Urzustand) am Anfang von „Allem" gestanden hat. Doch wenn wir uns in der Natur umschauen, so finden wir bestätigt, dass sämtliche biologische, chemische und physikalische Vorgänge (im Mikro- wie im Makrokosmos) ein oder mehrere materielle Ursachen haben und dass stets die Ursache der Wirkung zeitlich vorausgeht , was übrigens auch durch die spezielle Relativitätstheorie bestätigt wird (Lichtkegel). Weiterhin sind jeweils die Bedingungen zu beachten, unter denen die einzelnen Prozesse stattfinden. Wenn wir aber diese Ursachen betrachten, so lassen sie sich wieder als Wirkungen auffassen, die wiederrum jeweils ein oder mehrere Ursachen haben und diese Betrachtung lässt sich offenbar immer weiter fortsetzen. Damit folgern wir aber eine endlose Hierarchie von Kausalitäten, aber niemals eine erste Ursache für die uns umgebende Welt. Die Theorie muss sich also davon lösen, ein erstes Teilchen, ein erstes Feld oder einen ersten Zustand für die Entstehung unserer Welt verantwortlich zu machen.

Um Missverständnisse zu vermeiden: Wenn hier ausgesagt wird, eine Welle besteht aus Teilchen, so bedeutet das nicht, dass sich das Teilchen selbst wellenförmig bewegt bzw. bewegen muss und dies klassisch zu verstehen ist. Hier handelt es sich darum, dass sich z.B. Feldstärken periodisch ändern, was wir mit der Felddichte entsprechender virtueller Photonen in Verbindung bringen können (welche jene Felder bilden) und in anderen Fällen um Wahrscheinlichkeitswellen, welche im Sinne der Wahrscheinlichkeitsinterpretation der Quantenmechanik erklärt werden müssen.

Wir können nun eine interessante Parallele zur Masse-Energie-Beziehung von A. Einstein ziehen. Bekanntlich sind Masse und Energie äquivalent und es gilt:

$E = mc^2$ für die Gesamtenergie und $E_0 = m_0 c^2$ für die Ruhenergie. Hierbei gilt für den Zusammenhang zwischen Ruhmasse $m_0$ und Bewegungsmasse $m$:

$$m = \frac{m_0}{\sqrt{1 - \dfrac{v^2}{c^2}}} \qquad (2.1)$$

Letzere Beziehung lässt sich aus einem Impulserhaltungssatz ableiten und sagt aus, dass die Masse mit Zunahme der Geschwindigkeit zunimmt (was aber nicht als Zufuhr von Teilchen, sondern als Trägheitseigenschaft der Materie zu verstehen ist), denn die Lichtgeschwindigkeit darf ja nicht überschritten werden. Die Differenz der Gesamtenergie und der Ruhenergie ergibt gerade die kinetische Energie:

$$E_{kin} = (m - m_0)c^2 \qquad (2.2)$$

Auch hier ist wieder bemerkenswert, dass obige Formeln sowohl in der Mikrowelt als auch in der Makrowelt eine Bedeutung haben. Jeder Masse kann man also eine entsprechende Energie und jeder Energie eine Masse zuordnen. (So kann man auch einem Feld eine Masse zuordnen, da es ebenfalls eine Energie besitzt). Selbst einem Körper der sich in Ruhe befindet, können wir eine Energie zuordnen (siehe oben). Diese Energie kommt dem Körper zu, sie ist in ihm gespeichert, es ist anderes gesprochen, sein Energieinhalt.

Mit Hilfe der Masse-Energiebeziehung lässt sich die Kernbindungsenergie aus dem Massedefekt ermitteln, die kinetische Energie bestimmen (siehe oben), Umwandlungsprozesse von Materie in Strahlung erfassen u.v.m.

Wir dürfen aber die Masse-Energiebeziehung nicht nur im Sinne der Umwandlung von Masse in Energie und umgekehrt verstehen. Diese Umwandlungen sind nur eine Anwendung dieser Relation. Wir bekommen aber bei dieser Interpretation noch ein Problem, was im Folgenden geschildert werden soll.

Bei der Paarvernichtung (ein Elektron-Positron-Paar wandelt sich in Strahlung um), wird von einer Umwandlung von Masse in Energie gesprochen. Bei der Paarerzeugung (der umgekehrte Prozess), wird von einer Umwandlung von Energie (der Strahlung) in Masse gesprochen. Nun haben aber die Wechselwirkungspartner (Elektron und Positron) ebenfalls eine Energie und die Strahlungsquanten ebenfalls eine Masse (Bewegungsmasse). Wir können also lediglich von der Umwandlung der einen spezifischen Masse- und Energieart in eine andere spezifische Masse- und Energieart sprechen. Nur diese Interpretation wird nämlich dem untrennbaren Zusammenhang zwischen Masse und Energie gerecht.

**Es besteht also zwischen Teilchen und Welle als auch zwischen Masse und Energie ein untrennbarer Zusammenhang.**

# 3 Quantenmechanische Prozesse und Eigenschaften, Philosophische Aspekte und Grundsatzfragen

## 3.1 Dialektik, Dualismus, Komplementarität, Messungen, Symmetrie und Äquivalenz

In der Quantentheorie spielt der Zufall und die Art und Weise der Messung eine zentrale Rolle. Außerdem verhalten sich gewisse Größen (bzw. Eigenschaften) komplementär zueinander und es ist von solchen Dingen wie die Verschränkung von Quantenzuständen die Rede. Man spricht sogar von Räumen ohne Zeit und im Zusammenhang mit dem Tunneleffekt soll es sogar Überlichtgeschwindigkeiten als Signalgeschwindigkeiten geben.

Die zentralen Punkte der Weltanschauung des dialektischen Materialismus sind die objektive Existenz der Materie (außerhalb und unabhängig vom Bewusstsein des Menschen), die allgemeine Gültigkeit der dialektischen Gesetze (wie z.B. Qualitätsumschlag infolge quantitativer Veränderungen), die Kausalitätsbeziehungen (Ursache vor Wirkung) und der Gesamtzusammenhang in der Natur. Wesentlich hierbei ist der untrennbare Zusammenhang zwischen Materie, Bewegung, Raum und Zeit. Weiterhin wird ausgesagt, dass die Materie unendlich und unerschöpflich ist, dies aber im dialektischen Zusammenhang mit den endlichen Objekten zu sehen ist.
Wir werden zeigen, dass der dialektische Materialismus durch die Quantentheorie nicht ausgehebelt, sondern nur ergänzt und präzisiert wird. Wir werden weiter sehen, dass die Quantentheorie gar nicht so seltsam und unerklärlich ist, wie es auf den ersten Blick scheinen mag.

Wir stellten schon in unserer ausführlichen Betrachtung zum Welle-Teilchenproblem an vielen Beispielen fest, dass es nicht nur einen Welle-Teilchen Dualismus gibt, sondern auch einen engen Zusammenhang dieser beiden Erscheinungsformen.

Betrachten wir das Licht, welches man sich aus Strömen von sehr schnell bewegten Quanten (Lichtteilchen) modellhaft vorstellen kann. Einstein sprach sehr plastisch von den großen und schweren Lichtteilchen hoher Frequenz und hoher Energie und den kleinen und leichten Lichtteilchen niedriger Frequenz und niedriger Energie. Für die Erklärung z.B. des äußeren photoelektrischen Effekts war diese Vorstellung sehr nützlich. Doch wie kommt dabei die Frequenz ins Spiel? Hier ist die Frequenz der elektromagnetischen Welle gemeint (Licht lässt sich auch als elektromagnetische Welle beschreiben). Wir haben bei genauerer Betrachtung auf- und abschwingende Wellen, die Wellenpakete. Diese Wellenpakete bilden aber gerade unsere Lichtquanten. Man kann sagen: Je größer die Frequenz ist, umso dichter ist unsere „Energiepackung", umso größer muss also auch die Bewegungsmasse der Quanten sein. Einer Bewegungsmasse entspricht hierbei unmittelbar eine Frequenz und umgekehrt. Die Bewegungsmasse und Frequenz des Lichtquants sind also äquivalent. Der Teilchencharakter wird also durch den Wellencharakter bestimmt. Aber es gilt auch das Umgekehrte. Erklärt man die Interferenz am Doppelspalt, so wird offenbar: Der **Wellencharakter** drückt sich in der **Wahrscheinlichkeit** aus, wohin sich die Lichtteilchen bewegen. Offenbar gibt es also einen dialektischen Zusammenhang zwischen Welle und Teilchen. Zum Welle-Teilchen-Dualismus hatten wir festgehalten: Zum einen machen sich die Teilcheneigenschaften bemerkbar (z.B. beim photoelektrischen Effekt) und zum anderen machen sich die Welleneigenschaften bemerkbar (z.B. bei Interferenz: Es gibt konstruktive und destruktive

Überlagerung von Lichtwellen). Ob wir das Wellen- oder Teilchenbild verwenden, hängt also vom jeweiligen Experiment und von den jeweiligen Bedingungen ab[1].

Ich möchte noch darauf verweisen, dass wir in jedem Fall natürlich nur Modellvorstellungen verwenden und bewusst von manchen Dingen abstrahieren. So ist für die Beschreibung der Funktion vieler optischer Geräte oft schon das Strahlenmodell ausreichend. Für eine exaktere Betrachtung mancher Phänomene muss aber auch das Wellenmodell oder das Teilchenmodell herangezogen werden.

Fassen wir zunächst zusammen: Wir betrachteten in unseren Beispielen verschiedene Erscheinungsformen nämlich Welle und Teilchen, die offenbar zusammengehören. Es wird aber nur die eine oder andere Erscheinung (in Abhängigkeit vom Experiment) zur Erklärung herangezogen. Hier sind wir schon nahe an dem noch allgemeineren Begriff der Komplementarität angelangt.
Wir werden jetzt zeigen, dass die Komplementarität nicht einfach nur eine Ja/Nein Aussage ist, sondern dass es auch **Zwischenstufen** gibt. Weiterhin werden wir sehen, dass es Zusammenhänge zwischen komplementären Beziehungen gibt und das es sich nicht unbedingt nur um ein Begriffspaar handeln muss und vieles mehr. Also: Um ein Teilchen nachzuweisen, muss es z.B. beleuchtet werden. Es muss also mit anderen Teilchen in Wechselwirkung treten. Dadurch wird aber das System gestört und es kommt zu einem **Kohärenzverlust.** Die Interferenz verschwindet. Beim Doppelspaltexperiment bedeutet dies: Je genauer wir wissen wollen, welchen Weg das Teilchen genommen hat, desto unschärfer wird das Interferenzbild und umgekehrt. Der **Teilchenweg und das Interferenzbild** sind also **komplementär** zueinander [1]. Man kann nicht gleichzeitig beides mit beliebiger Genauigkeit angeben. Auch Ort und Impuls eines Elementarteilchens bzw. Energie und Zeit sind komplementär zueinander, es sind nicht gleichzeitig beide Größen mit beliebiger Genauigkeit messbar. Dies kommt in der Unschärferelation von W. Heisenberg zum Ausdruck. Für eine genaue Ortsbestimmung bräuchten wir z.B. ein Mikroskop mit sehr hoher Auflösung und für eine genaue Impulsbestimmung (Geschwindigkeitsbestimmung) ein Mikroskop mit sehr geringem Auflösungsvermögen. Offenbar ist beides nicht gleichzeitig möglich. Die Komplementarität ist also auch eine **Konsequenz unserer experimentellen Möglichkeiten** [1]. Wir haben auch gesehen, dass es Zwischenstufen gibt: Je genauer die Größe A bestimmt wird, umso unschärfer wird die Größe B bestimmt und umgekehrt. Wäre aber die Größe A exakt ermittelt, so ist die andere Größe nicht messbar. Wird z.B. der Weg des Elementarteilchens exakt ermittelt, so verschwindet das Interferenzbild. Es gibt auch **Zusammenhänge zwischen den komplementären Beziehungen.** Betrachten wir hierzu die oben besprochenen Unschärferelationen zwischen Impuls und Ort einerseits und Energie und Zeit andererseits also:

$$\Delta x \cdot \Delta p_x \geq \hbar/2 \quad \text{bzw.} \quad \Delta t \cdot \Delta E \geq \hbar/2 \tag{3.1}$$

Wir führen nun eine Änderungsgeschwindigkeit der Ortsunschärfe mit

$$v_x = \frac{\Delta x}{\Delta t} \tag{3.2}$$

ein.

Über eine solche Geschwindigkeit können wir die Beziehungen (3.1) offenbar in Zusammenhang bringen.

Wir haben oben zwei Gründe für die Komplementarität herausgearbeitet: Zum einen das Problem der Teilchenwechselwirkung bei der Messung und zum anderen, dass man 2 Apparate bräuchte, die sich gegenseitig ausschließen, wenn man beide Größen gleichzeitig exakt ermitteln möchte. Hierzu sei noch folgendes ergänzend bemerkt: Es gibt auch Doppelspalt-Experimente mit Atomen, bei denen die **Bewegung der Atome nicht gestört** wird, wenn man Weginformationen bekommen will. Trotzdem verschwinden die Interferenzstreifen. Hierbei tritt aber dennoch eine Wechselwirkung auf, die zu einem Kohärenzverlust führt. Dies ist nämlich auf die Verschränkung von Quantenzuständen zurückzuführen (Dies werden wir später besprechen).

Auch die drei Komponenten des Drehimpulses sind komplementär zueinander (sie sind nicht gleichzeitig messbar). Der Betrag und eine Komponente des Drehimpulses sind aber gleichzeitig beobachtbar. Hierin kommt zum Ausdruck, dass die **Komplementarität nicht auf ein Begriffspaar beschränkt** sein muss. Ergänzend wollen wir noch festhalten, dass die Entscheidung, was wir bestimmen wollen (von den komplementären Größen) auch auf einen späteren Zeitpunkt (während des Experimentes) verschoben werden kann (durch spätere Veränderungen an der Messeinrichtung) [1]. Bezeichnend ist weiterhin, dass bei bestimmten komplementären Beziehungen **Erhaltungsgrößen** (wie Impuls und Energie) auftreten. Jeder Erhaltungssatz folgt aus einer Symmetrie. Aus der Invarianz der Naturgesetze gegenüber dem Zeitablauf folgt die Erhaltung der Energie. Aus der Invarianz unter Translationen im Raum folgt die Erhaltung des Impulses und aus der Invarianz unter Drehungen die Erhaltung des Drehimpulses [6].
Man könnte nun denken, dass die komplementären Beziehungen nur in Verbindung mit dem Messprozess auftreten. Dies ist aber nicht so. Denn die Unbestimmtheitsrelationen sind bei verschiedensten Prozessen in der Quantenmechanik (z.B. beim Tunneleffekt) zu beachten und treten objektiv auf. Das zeigt sich z.B. schon daran, dass die Unschärferelation zwischen Impuls und Ort unmittelbar mit dem Welle-Teilchen-Dualismus verknüpft ist. Wir erkennen dies daran, dass mit dem Auftreten eines Impulses eine Wellenlänge verknüpft ist (De-Broglie - Beziehung). Auch hier haben wir es also mit einem Zusammenhang zwischen komplementären Beziehungen zu tun. Neben den erläuterten Antivalenzen (so könnte man die komplementären Beziehungen ebenfalls bezeichnen) gibt es in der Physik auch Äquivalenzen, wie z.B. die Masse-Energie Äquivalenz oder die Äquivalenz zwischen Frequenz und Energie. Zwischen den antivalenten und äquivalenten Beziehungen gibt es Zusammenhänge. Aus der Gleichsetzung der obigen beiden Äquivalenzen (Energiebeziehungen) folgt in Verallgemeinerung die Beziehung von De-Broglie. Hieraus folgt: Je größer der Impuls umso kleiner ist die Wellenlänge und umgekehrt, also eine Antivalenz und wir sehen auch sofort die Analogie zur Unschärferelation zwischen Ort und Impuls. Aufgrund der genannten objektiven Zusammenhänge müssen wir feststellen, dass wir die Rolle des Beobachters nicht verabsolutieren dürfen.

Zum Abschluss dieses Kapitels unterstreichen wir noch einmal den Zusammenhang sowie die Unterscheidung zwischen Wellen- und Teilcheneigenschaften anhand der Strahlungsgesetze. (Siehe unter: „Zusammenhang zwischen Welle und Teilchen")

## 3.2    Wahrscheinlichkeitsinterpretation

Wir hatten bereits die Bedeutung der Wahrscheinlichkeitsinterpretation bei der Erörterung des Zusammenhanges zwischen Teilchen- und Welleneigenschaften hervorgehoben. Wir können daher nicht sagen, dass sich ein Elementarteilchen (z.B. Elektron) an einem ganz bestimmten Ort befindet. Man kann lediglich Aufenthaltswahrscheinlichkeiten für das Teilchen angeben. Die Intensität der Wahrscheinlichkeitswelle gibt die Wahrscheinlichkeit an, das Teilchen an einer bestimmten Stelle zu finden. Bei einer Messung haben wir jedoch einen konkreten Wert (Wahrscheinlichkeit=1). Man spricht in diesem Zusammenhang von einem Kollaps der Wellenfunktion. Hier kollabiert aber keine echte Welle, da die Wahrscheinlichkeitswelle nur eine abstrakte mathematische Konstruktion ist. Hierin ist also gar nichts Mysteriöses zu sehen. Weiterhin kann man auch nur Wahrscheinlichkeiten dafür angeben, dass ein Teilchen eine gewisse Energie oder einen gewissen Impuls hat usw. Das hängt natürlich auch von Wechselwirkungen der Elementarteilchen ab (Überlagerungen der Wellenfunktionen). Man spricht oft auch davon, dass ein Teilchen gleichzeitig an verschiedenen Orten ist. Wie ist dies zu erklären? Wir hatten schon von der **Dispersion**, dem zerfließen des Wellenpakets eines freien Teilchen gesprochen. Je größer die Masse des Teilchens und je größer die Anfangsbreite des Wellenpakets, umso länger braucht das Wellenpaket bis es zerfließt. Wir haben es hier also mit einer **nichtlokalen Eigenschaft** der Elementarteilchen zu tun. Die Wahrscheinlichkeit, das Teilchen bei einer Messung zu registrieren, erstreckt sich damit über immer größere räumliche Bereiche (Das Maximum des Wellenpakets bewegt sich dabei z.B. auf einer Geraden). Ergänzend halten wir noch fest, dass die Wellenfunktion  selbst einer deterministischen Gleichung gehorcht.

## 3.3    Superpositionsprinzip und Verschränkung

Wir kommen nun zu einem zentralen Thema der Quantenmechanik, um das sich auch Gedankenexperimente zur Superposition (Schrödingers Katze) und zur Verschränkung (EPR-Problem) drehen.
Unter Superposition versteht man die Überlagerung verschiedener Quantenzustände. Bei einer Messung werden wir aber nur einen konkreten Zustand registrieren. Die Messung wird in einer bestimmten Basis (die durch bestimmte Quantenzustände festgelegt wird) durchgeführt. Diese Basiszustände können z.B. 2 verschiedene Spinrichtungen eines Elektrons oder 2 verschiedene Polarisationsrichtungen eines Photons sein. Jede andere Spin- bzw. Polarisationsrichtung lässt sich dann als Überlagerung der betreffenden Basiszustände (mit gewissen Anteilen bzw. Amplituden) verstehen. Die Amplitudenquadrate geben die Wahrscheinlichkeit an, mit welcher der eine oder andere Basiszustand gemessen wird. Man kann auch Zustände mehrerer verschiedener Teilchen untersuchen, die in bestimmter Weise miteinander kombiniert sind. Auch hier kann man wieder gewisse Basiszustände betrachten (Bei einem 2-Teilchenzustand gibt es 4 Basiszustände, bei einem 3 Teilchenzustand gibt es 8 Basiszustände usw., wenn jedes Teilchen 2 Möglichkeiten (Zustände) hat). Wieder ist auch jede Überlagerung dieser Basiszustände möglich (mit diversen Anteilen).
Lässt sich ein Mehrteilchenzustand nicht in Produkte unabhängiger Zustände zerlegen, so handelt es sich um einen **verschränkten Quantenzustand**. Offenbar entsteht also auch die Verschränkung von Quantenzuständen durch **Superpositionen**. Es gibt verschiedene Stärken der Verschränkung (die sog. Bell-Zustände sind maximal verschränkt). Durch Wechselwirkung mit der Umgebung wird die Verschränkung verringert oder zerstört

(**Dekohärenz**). Die Verschränkung erklärt man durch **Quantenkorrelationen**, die stärker als klassische Korrelationen sein können (Verletzung der Bell-Ungleichungen) [3]. Bei der Verschränkung sind also die Quantenzustände verschiedener Teilchen voneinander abhängig. Betrachten wir als Beispiel die Verschränkung zweier Photonen: Zunächst hat keines der Photonen einen definierten Zustand. Erst durch Messung in einer bestimmten Basis gelangt das Photon zufällig in einen bestimmten Zustand (z.B. in $x$-Richtung polarisiert; In $x$- und $z$-Richtung polarisierte Photonen seien gleichwahrscheinlich). Ohne zeitliche Verzögerung ist dann das andere Photon im dazu orthogonalen Zustand (in $z$-Richtung) polarisiert. Eine Übertragung von Information mit Überlichtgeschwindigkeit haben wir offenbar hierbei nicht (Das wir dennoch Überlichtgeschwindigkeiten nicht ausschließen können, werden wir später erörtern). Es werden also lediglich Teilchenpaare erzeugt, die Teilchen und die Energie verteilen sich. Diese Teilchen sind in einem bestimmten Überlagerungszustand (Verschränkung) und korrelieren mit bestimmter Stärke. Man könnte es sich wie folgt vorstellen: Man erzeugt z.B. verschränkte Teilchenpaare. Diese Teilchenpaare treten in unterschiedlichen Orientierungen auf (Photon A ist entweder in $x$- oder in $z$-Richtung polarisiert). Diese Orientierungen sind rein zufällig (bei einer Messung werden wir aber nur eine bestimmte Orientierung registrieren). Die Zuordnung der Quantenzustände ist aber eineindeutig (Ist das Photon A in $x$-Richtung polarisiert, so ist das Photon B in $z$-Richtung polarisiert u.U.).

Das wir unter verschiedenen zufälligen Zuständen nur einen konkreten jeweils registrieren können und das wir nur die eine oder andere Größe genau bestimmen können (Unschärferelation) erweist sich als ein durchaus verständliches Messproblem. Einen Einfluss der Messung gibt es natürlich, wie wir schon verschiedentlich hervorgehoben haben, aber das die Art und Weise der Messung für das gesamte quantenphysikalische Geschehen verantwortlich ist, ist nicht richtig.

Wir haben Überlagerungszustände und die Verschränkung von Quantenzuständen besprochen. Damit ist aber das Thema Superposition noch lange nicht erschöpft. Es gibt z.B. auch Zusammenhänge mit den Symmetrien: Man kann alle Zustände überlagern, die sich aus der Wellenfunktion durch eine Drehung ergeben und erhält dadurch einen Zustand, der gegenüber Drehungen invariant ist. Entsprechende Überlagerungen kann man auch für andere Symmetrien bilden. Die Superposition von Teilchen kann auch ein neues Teilchen ergeben (Elementarteilchenphysik). Aus dem Superpositionsprinzip folgt auch, dass es unmöglich ist, eine exakte Kopie eines Quantenzustandes herzustellen. Es sei noch vermerkt, dass eine Zeitentwicklung eines Quantenzustandes gleichzeitig auf alle Basiszustände wirkt (Quantenparallelismus). Es gibt Experimente welche die Verschränkung von mehreren Teilchen u.a. realisieren. Wenn aber im Verschränkungsfall keine Wirkungsübertragung mit Überlichtgeschwindigkeit erfolgt, so ist anzunehmen, dass doch zumindest ein bestimmter **Grad der Vorherbestimmtheit** den verschränkten Teilchen „mitgegeben" wurde, was auch die Quantenkorrelation erklärt. Im Moment der Messung werden dann die Zustände der Teilchen fixiert. Das wir aber auch Überlichtgeschwindigkeiten im Quantenbereich nicht ausschließen können, werden wir noch an anderer Stelle erörtern.

Zur Auflösung des Problems zu dem Gedankenexperiment „Schrödingers Katze" [6] reicht die Erklärung über die Wahrscheinlichkeitsinterpretation und die Zustandsüberlagerung nicht aus. Wir müssen nämlich (generell) die Kopplung von System, Apparat und Umgebung berücksichtigen, wobei es hierbei eben auch zu makroskopischen Überlagerungen kommt. Es entstehen klassische Eigenschaften durch die Wechselwirkung mit der Umgebung (Dekohärenz) und Interferenzterme verschwinden dadurch. Im Extremfall kann der Einfluss der Umgebung so stark werden, dass Übergänge zwischen Energieniveaus bei Atomen und Molekülen verhindert werden (Quanten-Zeno-Effekt) [6]. Es ist interessant, dass lokale klassische Eigenschaften durch die Nichtlokalität der Quantentheorie bewirkt werden.

Beim Einstein-Podolsky-Rosen (EPR) Gedankenexperiment geht es im Grunde um 2 Fragen in Verbindung mit verschränkten Quantenzuständen [3]:

1. Ist das Prinzip der Lokalität gewährleistet? Das bedeutet, besitzen die Quantenobjekte ihre Eigenschaften unabhängig voneinander?

2. Ist das Prinzip der Realität gewährleistet? Das heißt, die Eigenschaften, welche sich bei der Messung zeigen, liegen schon vorher fest.

Diese beiden klassischen Prinzipien wollte Einstein „retten" und führte dafür sog. verborgene Parameter ein. Er wollte damit die Unvollständigkeit der Quantentheorie belegen. Nun konnte aber J.S. Bell zeigen, dass Quantenkorrelationen stärker als klassische Korrelationen sein können und das die obigen Prinzipien im Quantenbereich nicht gerettet werden können. Dies belegen auch die unterschiedlichsten Experimente zur Verschränkung [3].

Man kann sich nun aber auch das Folgende überlegen: Das Prinzip der Lokalität ist sicher verletzt, denn wir können die Zustände nicht unabhängig voneinander betrachten. Aber es braucht dabei nicht zu sein, dass das Prinzip der Realität gleichzeitig verletzt ist, sodass man doch noch eine gewisse Vorherbestimmtheit aufrechterhalten kann (welche die Quantenkorrelationen erklärt), denn bei der Verschränkung entsteht eine gemeinsame Wellenfunktion, so dass man von einem zusammengesetzten System sprechen muss. In diesem Zusammenhang kommen wir also wieder zu der Aussage, dass die Zuordnung der Zustände bei der Verschränkung bis zu einem gewissen Grade vorherbestimmt ist.

## 3.4    Der Tunneleffekt und Überlichtgeschwindigkeiten?

Es ist bekannt, dass es Überlichtgeschwindigkeiten z.B. als Phasengeschwindigkeiten von elektromagnetischen Wellen gibt. Dies tritt im Zusammenhang mit Dispersionseffekten auf. Bei normaler Dispersion nimmt mit Zunahme der Wellenlänge die Phasengeschwindigkeit zu, sie kann dann größer als die Lichtgeschwindigkeit werden. Beim Tunneleffekt sollen aber auch Überlichtgeschwindigkeiten als Signalgeschwindigkeiten auftreten, wie Experimente von G.Nimtz und anderen nahelegen [4]. Dies steht nicht im Widerspruch zur Relativitätstheorie (die Relativitätstheorie gilt in anderen Bereichen) und verletzt auch nicht das Kausalitätsprinzip. Ehe wir auf diese Problematik näher eingehen, soll der Tunneleffekt erklärt werden: Es gibt Barrieren, (z.B. Potenzialbarrieren) die ein Teilchen nicht überwinden kann, wenn es nicht die nötige Energie hat. Es gibt aber einen Effekt, den Tunneleffekt, infolge dessen dennoch Teilchen die Barriere mit einer geringen Wahrscheinlichkeit überwinden können. Mit der Unbestimmtheitsrelation zwischen Energie und Zeit lässt sich dies begründen: Für eine extrem kurze Zeit, kann ein Teilchen einen Energieschub erhalten, der zum Überwinden der Barriere ausreicht.

Der Tunneleffekt tritt bei vielen Prozessen auf. Er spielt z.B. beim Kernzerfall und bei der Kernfusion eine Rolle. Für die Signalübertragung von Mikrowellen dient z.B. ein unterdimensionierter Hohlleiter als Tunnel. Aber auch durch einen Luftspalt zwischen 2 Prismen oder durch destruktive Interferenzeffekte können photonische Tunnelbarrieren gebildet werden. Bei der Signalübertragung über eine Tunnelbarriere tritt am Tunneleingang eine Reflexion des Signals auf. Dies führt zu einer Verweilzeit des Signals am Tunneleingang[4].

Die Reflexion des Signals am Tunneleingang bedingt ein nichtlokales Verhalten. **Nichtlokalität** bedeutet, dass ein Wellenpaket, ein Teilchen oder mehrere miteinander verknüpfte Teilchen über einen gewissen Raum zeitgleich verteilt sind. Interessant ist nun, dass die Verweilzeit gleich der Tunnelzeit ist. Man sagt deshalb: Im Tunnel selbst vergeht keine Zeit. Die Verweilzeit ist ungefähr so groß wie die Schwingungsdauer der Trägerfrequenz und sie ist unabhängig von der Tunnellänge[4]. Das bedeutet, dass das Signal umso schneller ist, je größer die Signalfrequenz ist. Insbesondere ergeben sich dann Signalgeschwindigkeiten, die größer als die Lichtgeschwindigkeit sind. Dadurch wird aber die Relativitätstheorie nicht widerlegt, da sie nicht auf den Tunneleffekt anwendbar ist [4].

Man könnte die Signalübertragung im Tunnel wie folgt erklären: Das Signal (Wellenpaket) hat sich innerhalb der Verweilzeit (es tritt ja ein nichtlokales Verhalten auf) über die Tunnelstrecke mit Überlichtgeschwindigkeit verteilt (ohne Dispersion), denn es ist dann gleichzeitig am Tunneleingang wie am Tunnelausgang. (Die Vorstellung, dass das Signal im Tunnel unendlich schnell ist, kann nicht richtig sein, denn für eine Ausdehnung, Übertragung bzw. Verteilung werden endliche Zeiten benötigt). Die Kausalität wird durch dass Überlichtschnelle Tunneln nicht verletzt. Unter anderen Bedingungen (welche durch die Relativitätstheorie nicht mehr beschreibbar sind) ist es denkbar, dass größere Signal- bzw. Gruppengeschwindigkeiten (und höhere Grenzgeschwindigkeiten) auftreten.

## 3.5 Zeitlose Phänomene? Dispersionseffekte und nichtlokales Verhalten

In der Quantenmechanik ist oft von zeitlosen Phänomenen die Rede. Wie ist dies zu verstehen? Raum, Zeit, Materie und Bewegung stehen doch offenbar in einem engen Zusammenhang. Dies wird ja nicht nur philosophisch gefolgert, sondern wird auch durch die Folgerungen der speziellen und allgemeinen Relativitätstheorie eindrucksvoll bestätigt. Von der Stärke des Gravitationsfeldes und der Geschwindigkeit des Objektes hängt die Schnelligkeit des Ablaufes der Zeit ab. Weiterhin kann das Kausalitätsprinzip nicht verletzt werden (auch bei Überlichtgeschwindigkeiten nicht). Wenn man natürlich eine Überlichtgeschwindigkeit in einem Raum betrachtet, in welchem die Lichtgeschwindigkeit eine obere Grenze darstellt, muss es zwangsläufig zu Widersprüchen kommen. Deshalb muss es in einem Raum, in dem eine Überlichtgeschwindigkeit vorkommt, auch eine andere **obere**

**Grenzgeschwindigkeit** geben, die größer als die Lichtgeschwindigkeit ist. Aus alledem müssen wir folgern, dass jeder Vorgang eine Zeit braucht und es keinen Raum ohne Zeit gibt. Mehr noch: Man kann Materie, Raum, Zeit und Bewegung nicht voneinander trennen. Auch lässt sich die Materie nicht von der Energie trennen: Es kann sich nur eine Masse- und Energieform in eine andere verwandeln (Masse-Energie Äquivalenz). Der Satz von der Erhaltung der Energie und Masse kann daher nirgends verletzt werden (Wird dennoch eine (angebliche) Verletzung festgestellt, so ist offensichtlich eine der beteiligten Energieformen nicht berücksichtigt worden).

Wir haben schon davon gesprochen, dass ein Teilchen (sozusagen) gleichzeitig an verschiedenen Orten sein kann, weiterhin kann es auch verschiedene Wege einschlagen, die sich dann wieder vereinen. Aufgrund der Welleneigenschaften kann dann das Teilchen auch mit sich selbst interferieren. Aber wie ist dies zu verstehen? Diese Effekte basieren auf der Dispersion und Superposition (wie oben schon erläutert). Auch bei der Signalübertragung im Tunnel kann ein Dispersionseffekt auftreten. Hierzu kommt es, wenn es sich um extrem kurze Signale (mit breitem Frequenzband) handelt. Die verschiedenen Frequenzkomponenten erleiden dann unterschiedliche Dämpfungen und die Form des Signals wird verändert. In diesem Fall kann das Signal nicht mehr identifiziert werden[4].

Es sei noch ein weiteres interessantes Beispiel zur Dispersion angeführt:

Atome können so stark angeregt werden (Superposition mehrerer Energieniveaus) dass sie sich zu Riesenatomen aufblähen. Es wird dann ein Übergang zum klassischen Verhalten beobachtet. Es bilden sich elliptisch-stationäre Quantenzustände. Während der Bewegung des Wellenpakets auf einer elliptischen Bahn zerfließt es. Durch Interferenzen (Spitze des Wellenpakets hat sein Ende eingeholt), läuft das Wellenpaket wieder zusammen und bildet sich erneut. Zu gewissen Zeiten können sich verkleinerte Kopien des Wellenpakets bilden, die sich in gleichmäßigen Abständen auf klassischen Umlaufbahnen bewegen. Ein Wellenpaket kann sich also in mehrere Wellenpakete aufspalten (typischer Fall: 2 gegenüberliegende Wellenpakete). Ein quantenmechanisches Teilchen vermag sich also **spontan zu teilen und wiederherzustellen.**

Die scheinbare Zeitlosigkeit (Ein Elementarteilchen ist an mehreren Orten zur gleichen Zeit), ist also einem nichtlokalen Verhalten, einer Dispersion, einem Verteilungsprozess zuzuschreiben. Diese Prozesse brauchen aber eine Zeit, wenn diese Zeit auch kurz sein kann. Es sei noch erwähnt, dass die Gleichzeitigkeit relativ ist: 2 Ereignisse die in einem Inertialsystem gleichzeitig beobachtet werden, sind in einem anderen relativ dazu bewegten Inertialsystem nicht mehr gleichzeitig.

Aber auch bei einer Verschränkung von Quantenzuständen haben wir es mit Überlagerungen und Verteilungen zu tun (siehe oben), also Prozessen die eine Zeit benötigen. Von einer Quelle werden z.B. 2 verschränkte, miteinander korrelierte Photonen auf die Orte A und B verteilt. Die Orientierungen der Teilchenpaare sind zufällig, während die Zuordnungen der Quantenzustände eineindeutig sind. Man beachte auch, dass nicht nur der Messprozess einen Einfluss auf die Teilchen hat. Sollte außerdem noch eine Wirkungsübertragung von A nach B stattfinden, so kann dies nicht mit einer unendlich hohen Geschwindigkeit geschehen.

Schließlich haben wir es auch bei der Signalübertragung im Tunnel mit einem nichtlokalen Verhalten zu tun. Die genannten Verteilungsprozesse täuschen also eine Zeitlosigkeit vor, die aber objektiv nicht vorhanden ist.

Es gibt also (exakt betrachtet) weder eine Zeitlosigkeit quantenphysikalischer Prozesse noch das gleichzeitige Vorhandensein eines Teilchens an verschiedenen Orten. Wenn man die Sachverhalte genauer betrachtet (unter Einbeziehung von Dispersionseffekten, dem nichtlokalen Verhalten, sowie unter Einbeziehung der Wahrscheinlichkeitsinterpretation und der Superposition) kann man die Folgerung der Zeitlosigkeit widerlegen. Der Zusammenhang zwischen Raum, Zeit, Materie und Bewegung kann also weder im Quantenbereich noch in der Kosmologie zerstört werden.

**Fassen wir das bisher Gesagte und unsere Folgerungen einmal zusammen:**

1. Die Komplementarität ist nicht einfach nur eine ja/nein Entscheidung, sondern es gibt auch Zwischenstufen.

2. Es gibt Zusammenhänge zwischen den komplementären Beziehungen.

3. Es muss sich bei den komplementären Beziehungen nicht nur um ein Begriffspaar handeln.

4. Die Entscheidung, was von den komplementären Größen bestimmt wird, kann auf einen späteren Zeitpunkt (während des Experimentes) verschoben werden.

5. Überlichtgeschwindigkeiten sind im Quantenbereich (eventuell beim Tunneln) nicht ausgeschlossen.

6. Ein bestimmter Grad von Vorherbestimmtheit (welche die Quantenkorrelationen erklären), ist bei einer Verschränkung nicht ausgeschlossen.

7. Komplementäre Beziehungen treten nicht nur im Zusammenhang mit der Messung auf. Die Rolle des Beobachters ist nicht zu verabsolutieren.

8. Äquivalente Beziehungen (z.B. zwischen Masse und Energie) und Antivalenzen (wenn ich einmal den Begriff der Komplementarität so umbenenne) hängen miteinander zusammen.

9. Der Dualismus zwischen Welle und Teilchen schließt einen engen (dialektischen) Zusammenhang zwischen Welle und Teilchen nicht aus.

10. Der Zusammenhang zwischen Raum, Zeit, Materie und Bewegung wird auch im Quantenbereich nicht zerstört

11. Das Kausalitätsprinzip wird auch im Quantenbereich nicht verletzt.

Trotz solcher Sachverhalte wie z.B. die Beeinflussung durch die Messung, die Verschränkung von Zuständen, die Wahrscheinlichkeitsinterpretation, die Möglichkeit von Überlichtgeschwindigkeiten und das Auftreten komplementärer Beziehungen usw. können wir damit sagen, dass der dialektische Materialismus nicht entkräftet, sondern bestätigt wird.

# 4 Besondere Quanteneigenschaften und Überlichtgeschwindigkeiten? , Quantenbeschleunigungen und virtuelle Ruhquanten?

Überlichtgeschwindigkeiten, Quantenbeschleunigungen (und Kräfte), sowie Ruhquanten werden in der Regel ausgeschlossen. Es gibt aber Vorgänge im Quantenbereich, die gerade solche Eigenschaften nahe legen. Darum soll es im Folgenden gehen.

Bei einer Verschränkung von Quantenzuständen teilt sich eine Zustandsveränderung sofort mit, die Quanten (oder Teilchen) haben eine gemeinsame Wellenfunktion und es spielen dabei Quantenkorrelationen eine Rolle.

Sollte es aber dennoch eine Wirkungsübertragung (keine Signalübertragung) mit Überlichtgeschwindigkeit im Quantenbereich geben?

Die Lichtgeschwindigkeit kann sich in einem Gravitationsfeld verändern? Deutet dies darauf hin, dass Quanten generell beschleunigt oder abgebremst werden können?

Nach der Teilchentheorie ist es zulässig sich das Licht modellhaft als Ströme von bewegten Quanten vorzustellen, welche außerdem einen ganzzahligen Eigendrehimpuls (Spin) besitzen, die also zu den Bosonen gehören. Auch die Feldquanten der diversen Felder, welche die Wechselwirkungen vermitteln, sind Bosonen. Nun können wir uns die Frage stellen, wodurch denn eigentlich die Wechselwirkungen zwischen den Quanten selbst vermittelt werden (insbesondere lassen sich ja Feldwechselwirkungen darauf zurückführen).

Den Gedanken der Quantisierung fortsetzend, kämen wir hier wiederum auf Quanten, die wir als Vermittlerquanten bezeichnen möchten, welche zwischen den Quanten selbst ausgetauscht werden. Außerdem können wir jedem Quant eine innere Struktur zuschreiben, in dem Sinne, dass es selbst wieder aus Quanten (Subquanten) besteht (Siehe: Zusammenhang zwischen Welle und Teilchen). Insbesondere wären dann für solche Vermittlerquanten Überlichtgeschwindigkeiten zu vermuten, da sich ja bereits die Wechselwirkungspartner (die Quanten selbst) mit Lichtgeschwindigkeit ausbreiten.

Zusammenfassend können wir also sagen: Für Objekte, die sich ja nur mit Unterlichtgeschwindigkeit bewegen können, erfolgt die Wirkungsübertragung durch Felder (je nach Wechselwirkungsart), welche sich mit der Grenzgeschwindigkeit (Lichtgeschwindigkeit) fortpflanzen. Nun bewegen sich aber die Quanten bereits mit Lichtgeschwindigkeit, sodass man bei einer Wechselwirkung zwischen den Quanten Überlichtgeschwindigkeiten für jene Vermittlerquanten vermuten kann.

Wir hatten oben schon bemerkt, dass es Quantenbeschleunigungen geben kann. Wenn wir uns vorstellen, dass Quanten bzw. Feldquanten von einem Objekt (z.B. Elementarteilchen) durch spezifische Energieübergänge erzeugt (und auch absorbiert werden), so ist dies kein unmittelbarer Vorgang, sondern auch diese Prozesse benötigen eine Zeit, mithin wird das erzeugte Quant nicht sofort die Lichtgeschwindigkeit besitzen. Da es aber nach der Emission Lichtgeschwindigkeit besitzt, muss es folglich auf Lichtgeschwindigkeit beschleunigt werden.

Wir erhalten dann beispielweise für ein Lichtquant die Quantenbeschleunigung

$$a_q = c \cdot f \qquad\qquad (4.1)$$

bei der Annahme, dass es innerhalb einer Periode beschleunigt wird und das die Quelle in Ruhe ist. Diese Formel sagt aus, dass proportional zur Frequenz die Quantenbeschleunigung anwächst. Die Beschleunigung soll natürlich nicht über die Lichtgeschwindigkeit hinaus erfolgen. Diese Beschleunigung ist sehr hoch (hohe Endgeschwindigkeit, kleine Periodendauer), aber aufgrund der sehr geringen Quantenmassen bleiben die wirkenden Einzelkräfte (Quantenkräfte) relativ gering.

Bekanntlich gilt für den Quantenimpuls:

$$p_q = m_q c = \frac{E_q}{c} \qquad\qquad (4.2)$$

Für die Quantenenergie ergibt sich:

$$E_q = m_q c^2 = h \cdot f \qquad\qquad (4.3)$$

Daraus erhalten wir für eine Quantenmasse:

$$m_q = \frac{h \cdot f}{c^2} \qquad\qquad (4.4)$$

Die Quantenmasse ist also der Frequenz proportional. Nach unserer Folgerung einer Quantenbeschleunigung muss das Quant kurz vor der Emission in relativer Ruhe zur Quelle sein, bevor es beschleunigt wird. Wir sehen schon, dass wir es also nicht nur mit einem Prozess, sondern mit einer Folge von Quantenprozessen zu tun haben, wenn wir die Sachverhalte näher betrachten. Lediglich im Entstehungsmoment soll das Quant also kurzzeitig in Ruhe sein. Wir möchten ein solches Quant als **virtuelles Ruhquant** bezeichnen. Die genannten Prozesse sehen jetzt also wie folgt aus: Zunächst wird ein Quant (Energiepaket) durch diskrete Energieübergänge erzeugt, dann bleibt es kurzzeitig in Ruhe (relativ zur Quelle), wird anschließend auf Lichtgeschwindigkeit beschleunigt und wird emittiert. Die Einführung des virtuellen Ruhquants erlaubt uns einen virtuellen Ruhimpuls einzuführen, der also auch nur kurzzeitig im Entstehungsmoment existiert. Wir erhalten:

$$p_{q(virtuell)} = m_q v \qquad\qquad (4.5)$$

Hierin ist $v$ die Geschwindigkeit der Quelle.

*Anmerkung: Das ein Quant relativ zur Quelle in Ruhe sein kann, soll bedeuten, dass es einer **Mitführung durch die bewegte Quelle** und zwar nur im Entstehungsmoment unterliegt.*

*(natürlich würde dann das Quant auch durch die unmittelbare Quelle, nämlich z.B. dem abstrahlenden Atom, was diversen Bewegungen unterliegt, kurzzeitig mitgeführt werden, was uns aber hier nicht weiter interessieren soll)*

Wie genauere Analysen zeigen, lässt sich ein solcher Impuls tatsächlich in Wechselwirkungsbetrachtungen mit einbeziehen, wenn wir annehmen, dass ein solches virtuelles Ruhquant wechselwirkungsfähig ist. In der Phase der Quantenbeschleunigung haben wir angenommen, dass sich die Quantenmasse nicht verändert.

Wir verweisen noch darauf, dass eine andere Art der Mitführung beim Fizeauschen Mitführungsversuch bekannt ist [5]: Die Lichtquanten innerhalb eines strömenden Mediums welche die Geschwindigkeit $c/n$ im ruhenden Medium besitzen ($n$=Brechzahl), werden durch die Atome (Moleküle) des Mediums mitgeführt. Hierdurch kommt es zur Veränderung der Lichtgeschwindigkeit in Abhängigkeit von der Strömungsrichtung (zur Ausbreitungsrichtung des Lichts) und der Strömungsgeschwindigkeit, wobei das relativistische Additionstheorem der Geschwindigkeiten anzuwenden ist.

Wir haben bei unseren Betrachtungen den diskreten Vorgang wieder in kontinuierliche Prozesse unterteilt, wie das Kontinuierliche z.B. ein Feld wieder aus Diskontinuierlichem (den Quanten) besteht. Hierin offenbart sich ein dialektischer Zusammenhang. Nun ergibt sich in Fortführung unserer Überlegungen in der kurzen Beschleunigungsphase auch eine Quantenkraft:

$$F_q = m_q a_q = m_q c \cdot f = \frac{h}{c} f^2 \qquad (4.6)$$

Erstaunlicher Weise fügen sich die Formeln für die Quantenbeschleunigung und für die Quantenkraft konsistent und elementar in die Quantenmechanik ein. Interessant ist hier das Resultat, dass die Quantenkraft dem Quadrat der Frequenz proportional ist. Nun können wir auch die Quantenenergie durch die Quantenkraft ausdrücken und erhalten:

$$E_q = F_q \lambda \qquad (4.7)$$

Wegen $c = \lambda \cdot f$ erhalten wir nun wieder aus (4.7) unter Verwendung von (4.6): $E_q = h \cdot f$.

Die Beschleunigungsdauer ist also gleich der Periodendauer und der Weg über den die Kraft wirkt, entspricht hier der Wellenlänge. Für ein Lichtquant mit der Wellenlänge von einem Mikrometer erhalten wir:

$$f = 3 \cdot 10^{14} Hz \quad a_q = 9 \cdot 10^{22} \frac{m}{s^2} \quad m_q = 2{,}21 \cdot 10^{-36} kg \quad F_q = 19{,}89 \cdot 10^{-14} N$$

$$E_q = 19{,}89 \cdot 10^{-20} Nm \quad p_q = 6{,}63 \cdot 10^{-28} Ns$$

Wir verweisen darauf, dass es sich bei allen diesen Folgerungen wie Subquanten, Vermittlerquanten mit Überlichtgeschwindigkeit, Quantenbeschleunigungen und Kräfte, sowie virtuellen Ruhquanten lediglich um Vermutungen handelt, auch wenn es Hinweise gibt und man einiges formelmäßig belegen kann, so dass es sich in die Quantenmechanik eingliedert.

# 5 Umwandlungsprozesse im Zusammenhang mit der Relativitäts- und Quantentheorie

Die Folgenden Betrachtungen zu Umwandlungsprozessen, werden teilweise durch das Äquivalenzprinzip zwischen Trägheit und Schwere nahegelegt.

## 5.1 Gibt es Umwandlungseffekte in Strahlung im ultrarelativistischen Bereich?

Wir stellen uns vor, wir würden ein Objekt immer näher an die Lichtgeschwindigkeit heranbringen. Wir wissen, dass dann die träge Masse im ultrarelativistischen Bereich stark anwächst. Es können aber nur Quanten (z.B. Lichtquanten) die Lichtgeschwindigkeit selbst haben, niemals aber der Körper, was ja durch den relativistischen Faktor mathematisch ausgedrückt wird. Das heißt, jedes Objekt muss dann bei extremer Annäherung an die Lichtgeschwindigkeit selbst immer „lichtähnlicher" werden. Das bedeutet, es muss ab einer bestimmten Geschwindigkeit (extrem nahe c) zerstrahlen (z.B. in Lichtquanten).

Hierbei ist zu vermuten, dass sich dabei bestimmte relativistische Effekte umkehren (Zeitkontraktion durch stärkere Wechselwirkungen und Quanteneffekte) und die Masse des Objektes selbst nimmt dann natürlich ab, da es zerstrahlt.

Da die Schwerkraft aber einer Beschleunigung äquivalent ist, liegt es nahe, dass dieser Umwandlungseffekt in Strahlung auch für ein Objekt in einem extrem starken Gravitationsfeld auftritt. Dies weist auf zusätzliche, weit stärkere Abstrahlungen hin, als bisher in anderen Zusammenhängen vorausgesagt wurden. Diese Folgerung stellt die Existenz schwarzer Löcher in Frage, da einer immer weiteren Masseverdichtung durch Quanten- und Umwandlungseffekte Grenzen gesetzt werden.

## 5.2 Besondere Feldumwandlungen durch Feldwechselwirkungen?

Bekanntlich tritt neben dem elektrischen Feld ein magnetisches Feld auf, wenn eine elektrische Ladung beschleunigt wird. Wenn wir aus Quantenvorstellungen heraus dafür eine Erklärung suchen, können wir annehmen, dass sich bei Geschwindigkeitsvergrößerung mehr und mehr Feldquanten des elektrischen Feldes infolge der Wechselwirkung mit dem umgebenden Raum (Vakuum) in Feldquanten des magnetischen Feldes umwandeln. Eine solche Feldumwandlung muss nun auch auftreten, wenn ein elektrisches Feldquant mit einem Graviton in Wechselwirkung tritt. Wir machen hierzu das folgende Experiment: Wir betrachten eine ruhende elektrische Ladung. Selbige setzen wir einem starken Gravitationsfeld aus, dann muss also zusätzlich ein Magnetfeld entstehen, auch ohne dass sich die Ladung bewegt. Warum? Nun, es gilt das Äquivalenzprinzip zwischen Trägheit und Schwere, was sich auf alle Bereiche der Physik, insbesondere auch auf den Elektromagnetismus ausdehnen lässt. Nun kennen wir das Entstehen eines Magnetfeldes bei bewegten, insbesondere bei beschleunigt bewegten elektrischen Ladungen. Wegen des Äquivalenzprinzipes können wir statt der Beschleunigung auch ein entsprechendes Gravitationsfeld annehmen. Also muss auch um eine ruhende elektrische Ladung ein Magnetfeld entstehen, wenn ein entsprechend starkes Gravitationsfeld vorhanden ist.

## 5.3    Hawking Strahlung

Zwei parallele leitende Platten ziehen sich im Vakuum mit einer kleinen Kraft an. Die Vakuumenergie wird dabei negativ. Ursache dafür sind Nullpunktschwingungen der elektromagnetischen Felder. Für einen gleichmäßig beschleunigten Beobachter folgt damit auch eine Temperatur (nach William Unruh) von[6]:

$$T = \frac{\hbar \cdot a}{2\pi \cdot c \cdot k_B} \qquad a=\text{Beschleunigung} \quad k_B = 1{,}38 \cdot 10^{-23} JK^{-1} \text{ (Boltzmann-Konstante)} \qquad (5.1)$$

Für ein schwarzes Loch wird hierin die Oberflächenbeschleunigung von:

$$a_O = \frac{c^4}{4GM} \qquad (5.2)$$

eingesetzt. Danach strahlt ein schwarzes Loch (Hawking-Strahlung), verliert dadurch an Masse und wird noch heißer. Bei hohen Beschleunigungen und starken Gravitationsfeldern sind also die Wechselwirkungen der Felder mit der Materie (und mit dem Vakuum) und die Wechselwirkungen der Felder untereinander so stark, das Quanten- und Umwandlungseffekte nicht vernachlässigt werden können.

## 6    Natur- und Wechselwirkungskonstanten ihre Beziehungen zueinander und die Möglichkeit ihrer Bedingungsabhängigkeit, Neue Zusammenhänge

Wir beschreiben zunächst einige Konstanten, welche mit den Eigenschaften des Elektrons zu tun haben. Bei einem bestimmten Abstand des Elektrons vom Atomkern des Wasserstoffatoms nimmt die Gesamtenergie des Elektrons ein Minimum an. Dieser Abstand heißt Bohrscher Wasserstoffradius. Man erhält für ihn [6]:

$$a_0 = 4\pi\varepsilon_0 \frac{\hbar^2}{m_e e^2} = 5{,}29 \cdot 10^{-11} m \qquad (6.1)$$

Hierin ist: $\hbar = \dfrac{h}{2\pi}$ mit $h = 6{,}63 \cdot 10^{-34} Js$ das Plancksche Wirkungsquantum, $e = 1{,}6 \cdot 10^{-19} C$ die

elektrische Elementarladung, $m_e = 9{,}11 \cdot 10^{-31} kg$ die Masse des Elektrons und

$\varepsilon_0 = 8{,}85 \cdot 10^{-12} \dfrac{As}{Vm}$ die Dielektrizitätskonstante im Vakuum. Der Vollständigkeit halber geben

wir noch die Permeabilitätskonstante im Vakuum an, sie beträgt: $\mu_0 = 4\pi \cdot 10^{-7} \dfrac{Vs}{Am}$. Aus den

beiden Feldkonstanten des elektrischen und magnetischen Feldes ergibt sich die Lichtgeschwindigkeit im Vakuum zu:

$$c = \frac{1}{\sqrt{\varepsilon_0 \mu_0}} = 3 \cdot 10^8 \frac{m}{s} \qquad (6.2)$$

Bei der Behandlung der Streuung des Lichts an frei beweglichen Elektronen (Compton-Streuung) tritt eine charakteristische Wellenlänge, die Compton-Wellenlänge auf. Man erhält dafür:

$$\lambda_c = \frac{\hbar}{m_e c} = 3{,}86 \cdot 10^{-13} m \tag{6.3}$$

Weiterhin besitzt das Elektron ein magnetisches Moment infolge des Bahndrehimpulses. Dieses Moment wird als Bohrsches Magneton bezeichnet. Es ist geben durch [7]:

$$\mu_B = \frac{e\hbar}{2m_e} = 9{,}27 \cdot 10^{-24} Am^2 \tag{6.4}$$

Ein weiteres magnetisches Moment tritt infolge des Elektronenspins auf. Es ist gegeben durch [7]:

$$\mu_S = \left(1 + \alpha_S / 2\pi\right)\mu_B \tag{6.5}$$

Hierin taucht die Sommerfeldsche Feinstrukturkonstante mit [7]

$$\alpha_S = \frac{e^2}{4\pi\varepsilon_0 \hbar c} = \frac{1}{137} \tag{6.6}$$

auf. Diese Konstante ist dimensionslos und ein Maß für die Stärke der elektromagnetischen Wechselwirkung. Für die starke Wechselwirkung, welche zwischen den Nukleonen wirkt, lässt sich ebenfalls eine Art Elementarladung angeben, welche wir mit $g_0$ bezeichnen, so dass sich analog eine Wechselwirkungskonstante für die starke Wechselwirkung zu

$$\alpha_{ST} = \frac{g_0^2}{4\pi\varepsilon_0 \hbar c} = 0{,}119 \tag{6.7}$$

ergibt [5]. Eine (dimensionslose) Feinstrukturkonstante anderer Art lässt sich für die Gravitation angeben. Man erhält [6]:

$$\alpha_G = \frac{m_p^2 \cdot G}{\hbar c} \approx 6 \cdot 10^{-39} \tag{6.8}$$

Hierbei haben wir uns auf die Protonenmasse mit $m_p = 1{,}67 \cdot 10^{-27} kg$ bezogen. Wir erkennen auch, dass hier als Kopplungskonstante die Newtonsche Gravitationskonstante mit $G = 6{,}67 \cdot 10^{-11} Nm^2 kg^{-2}$ auftritt. Der geringe Wert der Feinstrukturkonstante der Gravitation deutet darauf hin, dass die Wechselwirkungsstärke der gravitativen Wechselwirkung sehr gering gegenüber den Wechselwirkungsstärken der anderen Wechselwirkungen ist. Aus den 3 grundlegenden Konstanten, nämlich dem Planckschen Wirkungsquantum, der Gravitationskonstanten und der Lichtgeschwindigkeit ergibt sich eine kleinste Länge, die Planck-Länge zu:

$$l_p = \sqrt{\frac{\hbar G}{c^3}} \qquad (6.9)$$

Die schwache Wechselwirkung koppelt die Hadronen mit den Leptonen und tritt z.B. beim ß-Zerfall auf. In die Wechselwirkungsdichte gehen dann die entsprechenden Viererströme ein. Charakteristisch ist die Verletzung vieler Erhaltungssätze für die Quantenzahlen der Elementarteilchen [7]. Als charakteristische Konstante tritt hier die Fermikonstante $G_F \approx 6{,}6 \cdot 10^{-61} Jm^3$ auf. Die Wechselwirkungskonstante der schwachen Wechselwirkung ergibt sich damit zu [5]:

$$\alpha_{SW} = \frac{G_F m_p^2 c}{\hbar^3} \approx 1{,}026 \cdot 10^{-5} \qquad (6.10)$$

Wir wollen nun einige Zusammenhänge zwischen den Konstanten ermitteln. Zunächst ersehen wir aus der Beziehung (6.6) und (6.7), dass sich die Feinstrukturkonstanten der elektromagnetischen und der starken Wechselwirkung zueinander verhalten, wie die Quadrate ihrer Elementarladungen:

$$\frac{\alpha_S}{\alpha_{ST}} = \frac{e^2}{g_0^2} \qquad (6.11)$$

Verbinden wir die Sommerfeldsche Feinstrukturkonstante mit dem Bohr-Radius, so ergibt sich:

$$a_0 \hat{p}_e = \frac{\hbar}{\alpha_S} \qquad (6.12)$$

Mit $\hat{p}_e = m_e c$ führen wir eine Impulskonstante des Elektrons ein. Für die starke Wechselwirkung wollen wir analog zu (6.1) verfahren und führen hierzu den Kernradius mit

$$b_0 = 4\pi\varepsilon_0 \frac{\hbar^2}{m_p \cdot g_0^2} = 1{,}77 \cdot 10^{-15} m \qquad (6.13)$$

ein. Verbinden wir nun die Feinstrukturkonstante der starken Wechselwirkung mit dem Kernradius, so ergibt sich:

$$b_0 \hat{p}_p = \frac{\hbar}{\alpha_{ST}} \qquad (6.14)$$

Mit $\hat{p}_p = m_p c$ führen wir eine Impulskonstante des Protons ein. Wir sehen, dass die Beziehungen (6.12) für die elektromagnetische Wechselwirkung und die Beziehung (6.14) für die starke Wechselwirkung analog aufgebaut sind. Weiterhin erkennen wir eine Verwandtschaft zur Heisenbergschen Unschärferelation, allerdings haben wir hier lediglich Beziehungen zwischen den Konstanten vorliegen. Untersuchen wir diesbezüglich nun auch die anderen beiden Wechselwirkungen. Verbinden wir die Feinstrukturkonstante der Gravitation mit der Planck-Länge, so ergibt sich:

$$l_p \hat{p}_p = \hbar \sqrt{\alpha_G} \qquad (6.15)$$

Eine Umformung der Beziehung für die Feinstrukturkonstante der schwachen Wechselwirkung ergibt unter Einführung der Impulskonstante des Protons:

$$l_{sw} \hat{p}_p = \hbar \sqrt{\alpha_{SW}} \qquad (6.16)$$

Hierin ergibt sich die charakteristische Länge (Reichweite) der schwachen Wechselwirkung zu:

$$l_{sw} = \sqrt{\frac{G_F}{\hbar c}} = 0{,}455 \cdot 10^{-17} m \qquad (6.17)$$

Wieder erkennen wir anhand der Beziehung (6.15) und (6.16) eine Affinität zur Heisenbergschen Unschärferelation. Was aber noch interessant ist, ist die analoge Formulierung der beiden Beziehungen zwischen den Konstanten für die schwache Wechselwirkung und andererseits für die Gravitation. Aus (6.15) und (6.16) ergibt sich sofort:

$$\frac{l_p^2}{l_{sw}^2} = \frac{\alpha_G}{\alpha_{SW}} \qquad (6.18)$$

In Worten: Die Quadrate der charakteristischen Längen für die Gravitation und für die schwache Wechselwirkung verhalten sich zueinander wie die entsprechenden Feinstrukturkonstanten. Die Beziehungen (6.15) und (6.16) offenbaren aber noch etwas Interessantes. Offenbar sind die jeweils links stehenden Produkte aus der Längen- und der Impulskonstante kleiner als das Plancksche Wirkungsquantum. Das führt uns zur Vermutung, dass es im Bereich der Gravitation (und der schwachen Wechselwirkung) noch kleinere Wirkungen als das Plancksche Wirkungsquantum geben kann. So kann man etwa ein Wirkungsquantum der Form

$$\breve{h} = \hbar \sqrt{\alpha_G} \qquad (6.19)$$

definieren. Aus verallgemeinerten Feldtheorien (unter Umständen) unter Berücksichtigung weiterer Felder (Skalarfelder) können außerdem Veränderungen der Gravitationszahl gefolgert werden. Aber auch von der Elementarladung können „Bruchstücke" existieren, wie die folgenden Überlegungen zeigen. Zum einen setzen die Quarkmodelle gebrochene elektrische Ladungen voraus, auf der anderen Seite können solche Ladungen aus Quanteneffekten gefolgert werden, z.B. dem fraktionierten Quanten-Hall-Effekt. Betrachtet man einen stromdurchflossenen Leiter in einem Magnetfeld, so baut sich senkrecht zur Stromrichtung eine Spannung, die Hall-Spannung auf. Bei niedrigen Temperaturen und einem starken Magnetfeld ergibt sich, dass die Hall-Spannung (und der Hall-Widerstand) quantisiert sind (für die Elektronen die sich effektiv in zwei Dimensionen bewegen).

Es ergibt sich:

$$R_H = \frac{U_H}{I} = \frac{h}{e^2 n} \qquad \text{n=1,2,3....} \tag{6.20}$$

Hierin ist $R_H$ der Hall-Widerstand und $U_H$ die Hall-Spannung. Die Größe $\frac{h}{e^2} = 25898\,\Omega$ ist ein Widerstandsnormal (von-Klitzing-Konstante). Durch diese Konstante lässt sich auch die Sommerfeldsche Feinstrukturkonstante ausdrücken. Nun gibt es außerdem den fraktionierten Quanten-Hall-Effekt mit nichtganzzahligen Werten, was man mit einer gebrochenen Elementarladung in Verbindung bringen kann. Wenn sich derartige Naturkonstanten verändern können, so würde sich z.B. bei Voraussetzung der gleichen Wechselwirkungsstärke auch die Lichtgeschwindigkeit verändern, weil sie mit den anderen Konstanten (siehe Feinstrukturkonstanten) zusammenhängt. So ergibt sich z.B.:

$$c = \frac{m_p^2 \cdot G}{\alpha_G \cdot \hbar} \tag{6.21}$$

Ist nun beispielsweise die Gravitationszahl eine Veränderliche, so muss sich beispielsweise bei Konstanz der anderen Größen auch die Lichtgeschwindigkeit verändern. Interessant ist nun weiter, dass wir die Konstanten der starken, der schwachen und der gravitativen Wechselwirkung über die Protonenimpulskonstante in Verbindung bringen können. So erhalten wir als Zusammenhang zwischen den Konstanten der starken und der schwachen Wechselwirkung aus den obigen Gleichungen:

$$\frac{l_{sw}^2}{b_0^2} = \alpha_{SW}\,\alpha_{ST}^2 \tag{6.22}$$

**Fassen wir zusammen:** Es ergeben sich einerseits zwischen der starken und der elektromagnetischen Wechselwirkung und andererseits zwischen der schwachen Wechselwirkung und der Gravitation analoge Zusammenhänge zwischen den entsprechenden Konstanten analog zur Unschärferelation. Die Beziehung der Feinstrukturkonstanten zwischen der **starken und der elektromagnetischen Wechselwirkung** wird durch das **Verhältnis der Quadrate der entsprechenden Elementarladungen** hergestellt. Die Beziehung der Feinstrukturkonstanten zwischen der **schwachen und der gravitativen Wechselwirkung** wird durch das **Verhältnis der Quadrate der charakteristischen Längen** hergestellt. *Das Produkt der charakteristischen Längen- und Impulskonstante ist bei der starken und der elektromagnetischen Wechselwirkung größer als das Plancksche Wirkungsquantum und bei der schwachen und der gravitativen Wechselwirkung kleiner als das Plancksche Wirkungsquantum.*

Während wir in den bisherigen Kapiteln zu einer Reihe neuer Resultate und Erklärungen gekommen sind, wollen wir nun in den beiden letzten Abschnitten noch einige bekannte Tatsachen zusammenfassen.

# 7 Wechselwirkungen zwischen Bosonen , Austauschbosonen, Feldwechselwirkungen

Zunächst betrachten wir *n* **gleichartige Bosonen**, welche in *n* unterschiedliche Richtungen gestreut werden. Da es sich um gleichartige Bosonen handelt, gibt es da n! ununterscheidbare Möglichkeiten. In diesem Fall addieren sich die Amplituden dieser einzelnen Varianten. Hiermit können dann Wahrscheinlichkeiten dafür ermittelt werden, dass *n* Teilchen in *n* Oberflächenelementen gezählt werden. Wenn die Bosonen nicht identisch sind, ist diese Wahrscheinlichkeit geringer. Für gewisse Wahrscheinlichkeitsaussagen im Zusammenhang mit **Streuprozessen, Emission** und **Absorption** von Bosonen, ist es wichtig, wie viele Bosonen bereits in einem bestimmten Zustand sind. Mit dieser Anzahl erhöht sich nämlich die Wahrscheinlichkeit, ein weiteres Boson in diesem Zustand anzutreffen [8].

Die Quantisierung der diversen Felder, welche die verschiedensten Arten von Wechselwirkungen vermitteln, führen auf Austauschbosonen. Wir erläutern einige grundlegende Eigenschaften.

Den einzelnen **Wechselwirkungen** in der Natur können nun bestimmte **Austauschbosonen** und **Symmetriegruppen** zugeordnet werden [5]. Man unterscheidet: Die schwache Wechselwirkung, die beim Zerfall von Elementarteilchen auftritt, wobei hier die W- und Z-Bosonen als Austauschteilchen auftreten (Symmetriegruppe SU[2]). Die elektromagnetische Wechselwirkung, welche durch den Austausch von Photonen vermittelt wird (Gruppe U[1]). Die starke Wechselwirkung, welche die Bindung zwischen den Quarks (Austausch von Gluonen) und zwischen den Baryonen (z.B. Neutronen und Protonen) (Austausch von Pionen) gewährleistet (Gruppe SU[3]). Diese Symmetriegruppen werden in der großen vereinheitlichten Theorie (GUT) zusammengeführt. Weiterhin werden aus der **Quantisierung** des Gravitationsfeldes Bosonen mit dem Spin 2 (Gravitonen) gefolgert, die für die gravitative Wechselwirkung zwischen den Massen verantwortlich sein sollen.

Bei den **Feldwechselwirkungen** [7] unterscheidet man die lokale Wechselwirkung verschiedener Felder oder auch eines Feldes mit sich selbst (Selbstwechselwirkung). Eine Wechselwirkung wird durch eine (in jedem Raum-Zeit-Punkt definierte) Wechselwirkungsdichte und durch bestimmte Kopplungskonstanten beschrieben (beim Gravitationsfeld ist das die Gravitationskonstante). Charakteristisch für eine Wechselwirkung sind bestimmte **Symmetrien und Erhaltungsgrößen**, die Reichweite der Wechselwirkung, die Wechselwirkungsdauer und der Wirkungsquerschnitt. Zum Beispiel ist die Reichweite der starken Wechselwirkung (zwischen den Nukleonen wirkend) sehr gering, während die Reichweite der elektromagnetischen und der gravitativen Wechselwirkung quasi unbegrenzt ist. Die Wechselwirkungsdauer wird von der starken zur schwachen Wechselwirkung hin immer größer, während der Wirkungsquerschnitt immer kleiner wird. Je schwächer eine Wechselwirkungsart ist, umso weniger charakteristische **Quantenzahlen** bleiben erhalten [7]. Die elektrische, baryonische und leptonische Ladung bleibt bei allen Wechselwirkungen erhalten. Jedoch bleibt der Isospin bei der elektromagnetischen Wechselwirkung nicht mehr erhalten und bei noch schwächeren Wechselwirkungen (schwache Wechselwirkung und Gravitation) bleibt neben dem Isospin auch die Hyperladung nicht mehr erhalten.

# 8 Zusammenstellung einiger wichtiger quantenphysikalischer Beziehungen

## 8.1 Energie- und Impulssatz für Photonen

Für die Wechselwirkung der Photonen mit einem Teilchen (z.B. Elektron) muss ebenfalls der Energie- und Impulserhaltungssatz erfüllt sein. Das bedeutet: Die Summe der Energien (bzw. der Impulse) vor der Wechselwirkung muss gleich der Summe der Energien (bzw. der Impulse) nach der Wechselwirkung sein. Wir erhalten also für die Energieerhaltung

$$E + E_q = E' + E_q'$$
(8.1)

und für die Impulserhaltung

$$\mathbf{p} + \mathbf{p}_q = \mathbf{p}' + \mathbf{p}_q' .$$
(8.2)

Hierin sind $E$ und $\mathbf{p}$ die Energie bzw. der Impuls des Teilchens sowie $E_q$ und $\mathbf{p}_q$ die Energie bzw. der Impuls des Photons vor der Wechselwirkung. Die gestrichenen Größen sind die entsprechenden Größen nach der Wechselwirkung. Drücken wir nun die Photonenenergie mit Hilfe der Kreisfrequenz $\omega = 2\pi \cdot f$ aus, so ergibt sich

$$E_q = \hbar \cdot \omega .$$
(8.3)

Für den Impuls (Impulsvektor) des Photons ergibt sich:

$$\mathbf{p}_q = \hbar \cdot \mathbf{k}$$
(8.4)

Hierin ist $\mathbf{k}$ der Wellenvektor mit:

$$\mathbf{k} = \frac{2\pi}{\lambda} \mathbf{n} = \frac{2\pi}{\lambda} \begin{pmatrix} \cos\alpha \\ \cos\beta \\ \cos\gamma \end{pmatrix}$$
(8.5)

Er enthält die Richtungskosinus der Wellennormalen $\mathbf{n}$. Mit (8.3) und (8.4) schreiben sich die Erhaltungssätze (8.1) und (8.2) nun wie folgt [9]:

$$E + \hbar\omega = E' + \hbar\omega'$$
(8.6)

$$\mathbf{p} + \hbar \cdot \mathbf{k} = \mathbf{p}' + \hbar \cdot \mathbf{k}'$$
(8.7)

Diese Erhaltungssätze erfassen die Emission, Absorption und die Streuung des Lichts. Bei der Emission ergeben sich die Primärenergie und der Primärimpuls des Photons zu Null. Bei der Absorption verschwinden die Sekundärenergie und der Sekundärimpuls des Photons.

Beim Photoeffekt ist die Kreisfrequenz $\omega' = 0$, weil das Lichtquant absorbiert wird. Die Primärenergie der Elektronen ist die Austrittsarbeit der Elektronen aus dem Metall:

$$E = -\chi$$

Die Sekundärenergie ist die kinetische Energie des Elektrons. Somit ergibt sich aus (8.6):

$$-\chi + \hbar\omega = \frac{m_e v^2}{2} \qquad (8.8)$$

Es kommt hierin zum Ausdruck, dass das Photon eine Energie aufbringen muss, um das Elektron abzulösen und ihm eine kinetische Energie zu erteilen.

Bei der Compton-Streuung (Streuung von Röntgenquanten an schwach gebundenen Elektronen) kann man für das Elektron primärseitig (vor der Wechselwirkung) $E = 0$ und $\mathbf{p} = 0$ ansetzen. Nach der Wechselwirkung müssen wir die kinetische Energie und den Impuls des Elektrons relativistisch ansetzen, d.h. wir müssen die relativistische Massezunahme des Elektrons berücksichtigen:

$$m = \frac{m_e}{\sqrt{1 - \frac{v^2}{c^2}}} \qquad (8.9)$$

Wir erhalten damit

$$E' = (m - m_e)c^2 \qquad (8.10)$$

und für den Impuls des Elektrons:

$$\mathbf{p}' = m \cdot \mathbf{v} \qquad (8.11)$$

Berücksichtigt man die Streuung des Röntgenphotons an dem Elektron mit dem Streuwinkel $\theta$ und die Bewegungsrichtung des Elektrons nach der Wechselwirkung, wobei der Winkel zwischen dem Impuls des Primärquants und dem gestoßenen Elektron mit $\delta$ bezeichnet wird, so erhält man für den Primärimpuls des Quants [9]:

$$\begin{pmatrix} \dfrac{\hbar\omega}{c} \\ 0 \end{pmatrix} = \begin{pmatrix} \cos\theta & \cos\delta \\ \sin\theta & -\sin\delta \end{pmatrix} \begin{pmatrix} \dfrac{\hbar\omega'}{c} \\ m \cdot v \end{pmatrix} \qquad (8.12)$$

Damit ergibt sich für die Wellenlängenänderung bei der Streuung:

$$\Delta\lambda = \frac{4\pi\hbar}{m_e c} \sin^2 \frac{\theta}{2} \qquad (8.13)$$

## 8.2 Strahlungsgesetze

Für die Strahlungsdichte der Gleichgewichtsstrahlung (Gleichgewicht zwischen Emission und Absorption) von der Frequenz $\omega$ und bei der Temperatur T (für die spektrale Energieverteilung im Spektrum der schwarzen Strahlung) ergibt sich das Plancksche Strahlungsgesetz zu [9]:

$$\rho(\omega,T) = \frac{\hbar\omega^3}{\pi^2 c^3} \frac{1}{e^{\frac{\hbar\omega}{kT}} - 1} \tag{8.14}$$

Hierin ist $k = 1{,}38 \cdot 10^{-23} JK^{-1}$ die Boltzmann-Konstante. In dieser wichtigen Verteilungsfunktion spielt das Verhältnis der Quantenenergie zur thermischen Energie $E_T = k \cdot T$ die entscheidende Rolle.

Wenn $kT >> \hbar\omega$ ist, so ergibt sich aus (8.14) die klassische Beziehung von Rayleigh-Jeans:

$$\rho(\omega,T) = \frac{\hbar\omega^2}{\pi^2 c^3} kT \tag{8.15}$$

Wenn $kT << \hbar\omega$ ist, so ergibt sich aus (8.14) die Wiensche Beziehung:

$$\rho(\omega,T) = \frac{\hbar\omega^3}{\pi^2 c^3} e^{-\frac{\hbar\omega}{kT}} \tag{8.16}$$

## 8.3 Zu einigen Differenzialgleichungen der Quantenmechanik

Wie gewinnen wir die grundlegenden Differenzialgleichungen der Quantenmechanik? In der Quantenmechanik werden z.B. für den Impuls und die Energie komplexe Operatoren eingeführt. Diese Operatoren sind mit der Energie- und Impulserhaltung verknüpft. Die Impulserhaltung hängt mit der Homogenität des Raumes und die Energieerhaltung hängt mit der Homogenität der Zeit zusammen. Weiterhin benötigt man lineare, selbstadjungierte Operatoren (für die Darstellung reeller Größen). Man erhält die folgenden Operatoren (die obigen Bedingungen gerecht werden):

$$\hat{p}_x = -i\hbar\frac{\partial}{\partial x} \quad \hat{p}_y = -i\hbar\frac{\partial}{\partial y} \quad \hat{p}_z = -i\hbar\frac{\partial}{\partial z} \quad \hat{E} = i\hbar\frac{\partial}{\partial t} \tag{8.17}$$

Um nun eine Differentialgleichung für eine Wellenfunktion zu erhalten, geht man von der Formel für die Gesamtenergie $E$ (Hamilton-Funktion) aus und setzt die Operatoren (8.17) entsprechend ein. Wir gehen zunächst von der klassischen Hamilton-Funktion aus:

$$E = \frac{\mathbf{p}^2}{2m_0} + V(\mathbf{r}) \tag{8.18}$$

Der erste Summand ist die kinetische und der zweite Summand ist die potentielle Energie, die vom Ortsvektor $\mathbf{r}$ abhängt. $\mathbf{p}$ ist der Impulsvektor und $m_0$ die Masse.

Wir setzen in (8.18) für die Energie und den Impuls die Operatoren (8.17) ein und erhalten damit den folgenden Hamilton-Operator:

$$i\hbar\frac{\partial}{\partial t} = -\frac{\hbar^2}{2m_0}\left(\frac{\partial^2}{\partial x^2} + \frac{\partial^2}{\partial y^2} + \frac{\partial^2}{\partial z^2}\right) + V(\mathbf{r}) = -\frac{\hbar^2}{2m_0}\Delta + V(\mathbf{r}) \tag{8.19}$$

Wir wenden diese Operatorgleichung auf eine Wellenfunktion $\Psi(\mathbf{r},t)$ an. Diese Funktion hängt also vom Ortsvektor und der Zeit ab. Mit ihr kann die quantenmechanische Wahrscheinlichkeitsdichte berechnet werden. Wir erhalten:

$$i\hbar\frac{\partial}{\partial t}\Psi(\mathbf{r},t) = -\frac{\hbar^2}{2m_0}\Delta\Psi(\mathbf{r},t) + V(\mathbf{r})\Psi(\mathbf{r},t) \tag{8.20}$$

Dies ist die Schrödinger-Gleichung. Sie wir in der nichtrelativistischen Quantenphysik angewendet. Es stellte sich heraus, dass die Schrödinger-Gleichung relativistische Quantenphänomene nicht beschreiben konnte. In dieser Gleichung ist z.B. die relativistische Massezunahme nicht berücksichtigt. Weiterhin werden Raum und Zeit in ihr nicht gleichberechtigt behandelt (erste Ableitung nach der Zeit aber zweite Ableitungen nach den Komponenten des Ortsvektors). Um eine relativistische Quantentheorie zu schaffen, muss man vom relativistischen Energie-Impulssatz ausgehen. Dieser lässt sich aus der Formel für die relativistische Massezunahme

$$m = \frac{m_0}{\sqrt{1-\frac{v^2}{c^2}}} \qquad m_0 \text{ Ruhmasse } m \text{ Bewegungsmasse} \tag{8.21}$$

und aus der Masse-Energie Äquivalenz

$$E = mc^2 \qquad \text{bzw.} \qquad E_0 = m_0 c^2 \qquad E_0 \text{ Ruhenergie } E \text{ Gesamtenergie} \tag{8.22}$$

unter Berücksichtigung von $\mathbf{p} = m\mathbf{v}$

herleiten. Man erhält:

$$\frac{E^2}{c^2} = \mathbf{p}^2 + m_0^2 c^2 \tag{8.23}$$

Das Einsetzen der Operatoren (8.17) in (8.23) für die Energie und den Impuls und die Anwendung auf eine Wellenfunktion liefert die Klein-Gordon-Gleichung:

$$-\frac{\hbar^2}{c^2}\frac{\partial}{\partial t^2}\Psi(\mathbf{r},t) = -\hbar^2\Delta\Psi(\mathbf{r},t) + m_0^2 c^2\Psi(\mathbf{r},t) \tag{8.24}$$

In dieser Gleichung sind alle Variablen gleichberechtigt. Diese Gleichung bildet eine wichtige Grundlage der Quantenfeldtheorie. Sie wird z.B. für die Beschreibung von Mesonen verwendet. M. Dirac hatte nun eine Gleichung gefunden, die allen Anforderungen genügt (für die Beschreibung von Elektronen) und sehr gut mit dem Experiment übereinstimmt. Er ging hierbei von der Klein-Gordon-Gleichung aus, fasste aber den Operator auf der rechten Seite von (8.24) als Quadrat eines neuen Operators auf. Hierdurch war es möglich zusätzlich den Spin des Elektrons zu berücksichtigen.

Dieser Operator ist durch

$$\hat{D} = -i\hbar\left(\boldsymbol{\alpha}^1\frac{\partial}{\partial x} + \boldsymbol{\alpha}^2\frac{\partial}{\partial y} + \boldsymbol{\alpha}^3\frac{\partial}{\partial z}\right) + \boldsymbol{\alpha}^4 m_0 c \qquad (8.25)$$

gegeben.

Die $\boldsymbol{\alpha}^i$ müssen hierin den Charakter von Operatoren haben. Selbige lassen sich als $4\times 4$ Matrizen darstellen. Eine gebräuchliche Darstellung ist die folgende:

$$\boldsymbol{\alpha}^k = \begin{pmatrix} -\boldsymbol{\sigma}^k & \mathbf{0} \\ \mathbf{0} & \boldsymbol{\sigma}^k \end{pmatrix} \quad \text{für } k=1,2,3 \qquad \boldsymbol{\alpha}^4 = \begin{pmatrix} \mathbf{0} & \mathbf{I} \\ \mathbf{I} & \mathbf{0} \end{pmatrix} \qquad (8.26)$$

Die Matrizen $\boldsymbol{\sigma}^k$ sind die Paulischen Spinmatrizen. Dies sind die folgenden $2\times 2$ Matrizen:

$$\boldsymbol{\sigma}^1 = \begin{pmatrix} 0 & 1 \\ 1 & 0 \end{pmatrix} \qquad \boldsymbol{\sigma}^2 = \begin{pmatrix} 0 & -i \\ i & 0 \end{pmatrix} \qquad \boldsymbol{\sigma}^3 = \begin{pmatrix} 1 & 0 \\ 0 & -1 \end{pmatrix} \qquad (8.27)$$

Weiter ist: $\mathbf{I} = \begin{pmatrix} 1 & 0 \\ 0 & 1 \end{pmatrix}$ und $\mathbf{0} = \begin{pmatrix} 0 & 0 \\ 0 & 0 \end{pmatrix}$

Wie man nachprüft, gilt für die obigen Matrizen:

$$\left\{\boldsymbol{\alpha}^i,\boldsymbol{\alpha}^k\right\} = \boldsymbol{\alpha}^i\boldsymbol{\alpha}^k + \boldsymbol{\alpha}^k\boldsymbol{\alpha}^i = \begin{cases} 2\mathbf{I} & \text{für } i=k \\ 0 & \text{für } i\neq k \end{cases} \qquad (8.28)$$

Wenn wir die Bezeichnungen $x^1 = x \quad x^2 = y \quad x^3 = z$ einführen und die Abkürzung $\partial_i = \dfrac{\partial}{\partial x^i}$ verwenden, so können wir den Operator (8.25) auch in der folgender Form notieren:

$$\hat{D} = -i\hbar\sum_{k=1}^{3}\boldsymbol{\alpha}^k\partial_k + \boldsymbol{\alpha}^4 m_0 c \qquad (8.29)$$

Die Dirac-Gleichung kann nun wie folgt formuliert werden:

$$-i\frac{\hbar}{c}\frac{\partial}{\partial t}\boldsymbol{\Psi} - i\hbar\sum_{k=1}^{3}\boldsymbol{\alpha}^k\partial_k\boldsymbol{\Psi} + \boldsymbol{\alpha}^4 m_0 c\boldsymbol{\Psi} = \mathbf{0} \qquad (8.30)$$

Hierin ergibt sich mit $\boldsymbol{\Psi}$ ein 4-Spinor. Wir führen jetzt die Diracschen Gammamatrizen ein. Sie ergeben sich wie folgt aus den Matrizen $\boldsymbol{\alpha}^k$ :

$$\gamma^0 = \left(\gamma^0\right)^{-1} = \boldsymbol{\alpha}^4 \quad \gamma^k = \gamma^0 \boldsymbol{\alpha}^k \tag{8.31}$$

Aus (8.31) und unter Verwendung von (8.26) ergibt sich:

$$\gamma^k = \begin{pmatrix} \mathbf{0} & \boldsymbol{\sigma}^k \\ -\boldsymbol{\sigma}^k & \mathbf{0} \end{pmatrix} \quad k = 1,2,3 \tag{8.32}$$

Verwenden wir noch die Abkürzung $\partial_0 = \dfrac{\partial}{c\partial t}$ , so erhalten wir die Dirac-Gleichung (8.30) in der folgenden Form [7]:

$$\left(-i\hbar\gamma^\mu \partial_\mu + m_0 c\right)\boldsymbol{\Psi} = \mathbf{0} \tag{8.33}$$

Hierin wird über $\mu$ von 0 bis 3 summiert.

Fasst man den 4-Spinor $\boldsymbol{\Psi}$ als einen Spinor auf, der aus den 2-Spinoren $\phi_\lambda$ und $\chi^{\hat{\mu}}$ zusammengesetzt ist, so lässt sich $\boldsymbol{\Psi}$ als Bispinor wie folgt darstellen:

$$\boldsymbol{\Psi} = \begin{pmatrix} \phi_\lambda \\ \chi^{\hat{\mu}} \end{pmatrix} \tag{8.34}$$

Aus der Dirac-Gleichung ergibt sich für die Energie des Teilchens:

$$E = \pm\sqrt{c^2 \hbar^2 \mathbf{k}^2 + m_0^2 c^4} \tag{8.35}$$

Es ergeben sich also Lösungen mit positiver und mit negativer Energie. Eine Erklärung hierzu bietet die Diracsche Löchertheorie. Man stellt sich vor, dass alle Zustände mit negativer Energie besetzt sind. Ein Loch im unendlichen Untergrund der negativ geladenen Elektronen in Zuständen negativer Energie bewegt sich genauso, wie ein positiv geladenes Teilchen (gleicher Masse) im entsprechenden Zustand positiver Energie. Damit konnte auch das Antiteilchen des Elektrons (das Positron) vorhergesagt werden. Aus der Dirac-Gleichung ergeben sich 4 Lösungen. Man erhält für die positive und die negative Energie jeweils 2 Lösungen, eine für den Spin $+\dfrac{1}{2}$ und eine für den Spin $-\dfrac{1}{2}$ .

**Literatur:**

[1] Zeilinger, A.:  Einsteins Schleier, Die neue Welt der Quantenphysik, Wilhelm Goldmann Verlag, München  2005.

[2] Laughlin, R.B.: Abschied von der Weltformel, Die Neuerfindung der Physik, Piper Verlag GmbH, München 2007.

[3] Audretsch, J.: Verschränkte Welt, Faszination der Quanten, WILEY-VCH GmbH, Weinheim 2002.

[4] Nimtz G. und  Haibel A.: Tunneleffekt-Räume ohne Zeit, WILEY-VCH GmbH & Co. KGaA, Weinheim 2004.

[5] Schmutzer, E.: Grundlagen der theoretischen Physik, Teil 1 und 2, Wissenschaftsverlag, Mannheim-Wien-Zürich 1989.

[6] Kiefer, C.: Quantentheorie, S. Fischer Verlag GmbH, Frankfurt am Main 2002.

[7] Lenk, R. und Gellert, W.: Brockhaus abc Physik, VEB F.A. Brockhaus Verlag, Leipzig 1973.

[8] Feynman, R.P. , Leighton R.B. und Sands M.: Quantenmechanik , Feynman Vorlesungen über Physik, Band3, Oldenbourg Wissenschaftsverlag GmbH, München 2007.

[9] Blochinzew D.J.: Grundlagen der Quantenmechanik , Deutscher Verlag der Wissenschaften, Berlin 1953.